相信閱讀

科學天地 15A
World of Science

物理馬戲團 Q&A ❶

讓你藝高人膽大的力學題庫

The Flying Circus of Physics with Answers

by Jearl Walker
沃克 著　葉偉文 譯

作者簡介

沃克（Jearl Walker）

1945 年出生於美國俄亥俄州。麻省理工學院物理系畢業，馬里蘭大學物理博士。1973 年起，任教於克利夫蘭州立大學物理系，是該校第一位傑出科學教學獎的得主；該教學獎自 2005 年起，命名為「沃克傑出教學獎」，等於表彰他的終身成就。

沃克曾為《科學美國人》雜誌「業餘科學家」專欄撰稿十三年，頗受好評；也上過「Tonight Show」電視節目，表演「危險動作，不宜模仿」的物理實驗，例如躺釘床、吞飲液態氮、赤腳走火炭，而聲名大噪。

沃克最知名的著作就是《物理馬戲團》，已經譯成十種語文，風行世界三十多年，仍持續受到學生及大眾歡迎。1990年起，沃克從著名的教科書作者 David Halliday 與 Robert Resnick 手中，接下《物理學基礎》（*Fundamentals of Physics*）的編修工作，迄今已經完成五次改版，銷量超過百萬冊，是大二理工科學生的「黃金寶典」。

譯者簡介

葉偉文

1950 年出生於台北市。國立清華大學核子工程系畢業，原子科學研究所碩士。曾任台灣電力公司核能發電處放射實驗室主任、國家標準起草委員（核子工程類）及中華民國實驗室認證體系的評鑑技術委員（游離輻射領域）。現任台灣電力公司緊急計畫執行委員會執行祕書。

譯作有《小氣財神的物理夢遊記》、《愛麗絲漫遊量子奇境》、《物理早自習》、《物理A⁺班》、《搞笑學物理》、《看漫畫，學物理》等四十多種書（皆為天下文化出版）。並曾翻譯大量專業作品，散見於《台電核能月刊》。

團長的話

沃克

這些問題都因趣味而來，而我也不想要你們以嚴肅的角度看待它們。這些問題，有的很容易，有的卻非常困難，所以很多人藉著研究這些難題來謀生，即使他們最初是以趣味爲目的。對於你們能答出多少問題，我並不是那麼感興趣，我所在意的，是你們眞能被這些問題所「煩惱」。

在這裡我只是想指出，物理並不是那些必須在物理教室裡才能處理的問題。物理和物理問題每天都在發生，且與我們生活、工作、戀愛直至老死的眞實世界息息相關。我希望這本書能喚起你對物理的興趣，找到你的世界裡的***物理馬戲團***。當你在做飯、搭飛機或只是懶洋洋地趟在小溪邊，卻開始思索物理問題時，我覺得這本書就值得了。總而言之，請各位以發掘趣味的心情來面對些問題。

關於解答

爲《物理馬戲團》準備答案眞有些危險，即使只是簡答也不例外。首先，我的參考文獻和物理知識可能會錯。尤其對那些目前仍在研究中的主題，特別可能發生，例如球狀閃電問題，這些問題的特性分別屬於幾個不同的物理領域，也在幾種期刊上熱烈討論著。我只能說，我的答案是依照手邊的資料，在有限的範圍內盡力而爲。但請記住，這些簡答只是冰山的一角，在它下面還有大量的物理理論。切勿把它們當成最終的解答，要把它們看成是研究的起點，且每當有剛出爐的文獻或資料時，隨時更新你的答案。

第二種危險更嚴重，讓我在準備答案時非常踟躕。讀者在讀完答案後，也許很快就翻看答案，而失去考慮問題的刺激。除非你仔細品嚐每道題目的滋味，就算遇到挫折也一樣，否則你會錯過這本書眞正的價值所在。要學習怎樣檢驗我們生存的世界，大部分得依靠本書的題目而非答案。因此，請儘量多花點時間思索每個題目，再翻看答案，或去查閱文獻尋找答案。

物理馬戲團 1

團長的話 一

第 1 章

海象談古典力學 1

第 2 章

紅茶裡的瘋狂漩渦 101

附　錄

圖片來源 265

索引 267

物理馬戲團 2

第3章　熱的幻想與刺激

第4章　噓！聽聽怪物的聲音

物理馬戲團 3

第5章　他五光十色到處逛

第6章　邪惡電匠的電磁魔法

第7章　海象遺言和什錦糖果

第1章

海象談古典力學

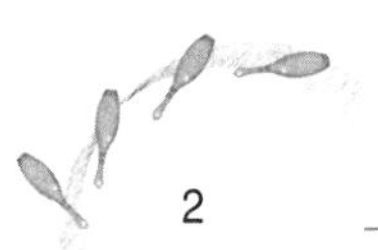

1.1　在雨中是跑好？還是走好？

速度

天下著雨，你沒有傘而想過街，你該用跑的，還是用走的？用跑的可使淋雨的時間減少，但你會「跑進一些雨裡」，因此可能會比走的淋得更溼。你可以假設自己的身體是個長方形，大略計算一下。利用這種模式，你能說明自己的答案（不論是跑或走）和雨的下法是直或斜有什麼關係嗎？

1.2　「闖」黃燈

運動方程式　加速度

每個駕駛都有機會在看到黃燈的時候，立刻決定要煞車或加速通過。這樣的直覺是在經過許多嘗試和錯誤之後建立的，但做些計算可能會知道，你的直覺在這種情況下是不是有幫助。

對於已知黃燈持續的時間和交叉路口的寬度，什麼樣的初速和距路口的距離兩者綜和起來，可讓你即時停止（或是闖了紅燈）？什麼樣的速度和距離允許你可以加速通過？注意，在這些參數的某範圍中，你可以選擇煞車或通過，但有些時候，你做什麼都來不及，這時你麻煩就大了！

Answer

1.1

爲了簡化問題，假設你穿著雨衣，不怕頭髮被淋溼。如果雨是從前方來或筆直而下，你可以儘快地跑去躲雨。但若雨是從背後而來，你只要跑和雨點的水平速度一樣快就好了，也就是隨著雨點跑。

1.2

接近一個剛變黃燈的路口，你可以用最大的減速度煞車，也可以用最快的加速度通過，或維持原速。舉例來說，讓我們考慮下列的參數：你的車速是20mph（英里／小時），約30 ft/s（英尺／秒），路口寬30英尺，當路燈變黃時，黃燈的時間有2秒，而車子的最快加速度是 $+10\ ft/s^2$，最大的減速度是：$-10\ ft/s^2$。假設於理想情況（也就是引擎對油門能立即反應），我們可以算出在這三種選擇下，你必須距路口有多遠。

若要安全地加速通過，一變黃燈時你應距路口不到50英尺；若想安全在紅綠燈前煞住車，你的距離需大於45英尺；在45和50英尺之間，選擇加速通過或煞車皆很安全。

📖 思考直線運動公式：　$v^2 = v_0^2 + 2as$　與　$S = v_0t + 1/2at^2$

（v= 末速，v_0= 初速，a= 加速度，S= 距離，t= 時間）

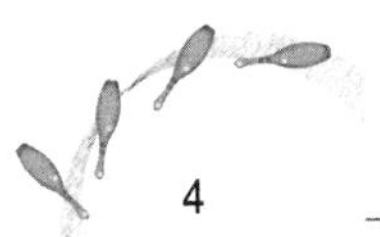

1.3　接高飛球　速度

在棒球場裡，若有個高飛球朝你防守的外野飛過來，你有兩個選擇。你可以跑到適當的位置去等著接球，若是如此，那我要問你怎麼猜出正確的位置？此外，你可以用近似等速的方式移動，在適當的時間正好趕到，接住球。在這種情況下，你怎麼決定前進的速度？當然經驗可能有幫助，但你對球的飛行一定要有某種物理上的直覺才行。到底是什麼讓你決定跑到什麼位置，或跑多快？

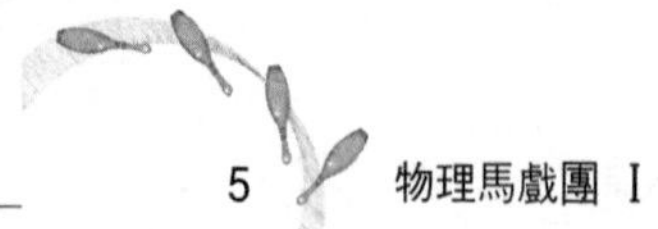

Answer

1.3

經驗對外野手判斷高飛球的落點當然很有幫助。另外，外野手看向高飛球的仰角也很重要。外野手的移動速度是以保持固定的仰角增加率爲條件，只要能如此，他就能在適當時候到達適當的地點。

外野手可能已把這項程序記得牢牢的，在比賽的時候甚至不會注意到仰角的變化。

1.4 及時揮棒

運動方程式 位移

做個強打者，你必須讓球打在棒上的適當位置，並及時揮棒。不論是垂直方向或揮棒時間的錯估，你仍能擊中球嗎？能夠容許多少誤差？例如說，你揮棒時間差了0.01秒，會怎樣？

1.5 高爾夫的揮桿祕密

力 速度

要怎樣揮桿才能讓小白球有最大的速率？很多高爾夫球手認爲這個問題屬於個人的心神領會，但我們可以用物理觀點來探討它。揮桿前應該向後擺多少度？什麼時候應該把手腕的肌肉放鬆？擊球的瞬間，是否應該讓球桿、手腕和球成一直線？

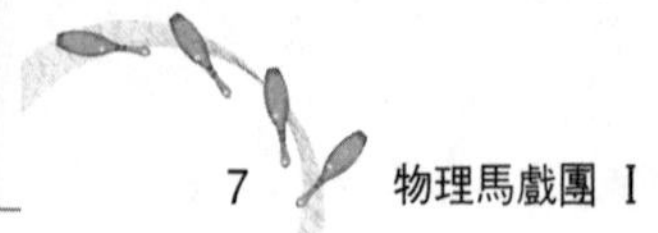

Answer

1.4

棒球飛越本壘板的時間只有大約0.01秒，因此擊球的時間差必須在±0.01秒之內。這麼短的時間裡，垂直距離容許的誤差小於1公釐。「1962年的世界棒球冠軍，肇因於對手擊球點上1公釐的誤差，使原本完美的打擊失敗，冠軍易手。」

思考拋體運動在垂直方向的位移公式：$S = 1/2gt^2$

（g＝重力加速度，$9.8\ m/s^2$）

1.5

打高爾夫球時，你施加於球桿的力矩愈大，球桿頭的速度愈快。但對於一已知的力矩而言，球桿頭的速率取決於你如何施予力矩。根據一項研究，在揮桿過程中在腕部施加一個負力矩，使手腕放鬆向後彎，桿頭會得到較大的速率。找到這個腕部後彎的負力矩，就是高爾夫球員的「最佳時機」。

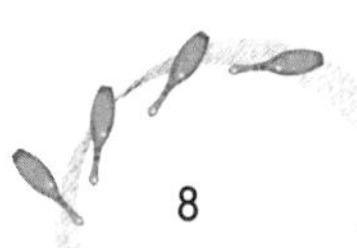

1.6 轉彎或煞車

速度　力

沒有什麼物理問題比下面這種情況更實際了，它甚至攸關你的生死。假設你開車在路上急駛，忽然發現前面是個丁字路口，迎面而來的居然是一堵磚牆，你該怎麼辦？是否該踩緊煞車，並且爲了防止側滑，而將方向盤保持固定向前？或者全速轉彎？或盡力一面轉彎一面踩煞車？

把這個問題分開考慮。首先，假設你可以及時直直地把車煞住。接著，考慮轉個彎會如何？現在你可能要想想什麼是最理想的情況。你可以試試煞車滑行的可能性，看看在不同的路況下，前輪和後輪的操控有什麼不同？若你車煞不住怎麼辦？是不是該試著轉彎？或者無可避免的撞上去？

若你在路當中忽然發現一塊很大的物體，究竟該直直地煞車好呢？還是設法繞過它？當然，必須考慮到這物體的大小。碰到這類問題，千萬別急著回答，就算你很有經驗也一樣，因爲你的直覺可能是錯的。倘若直覺有誤，這道題目眞是再好不過了！

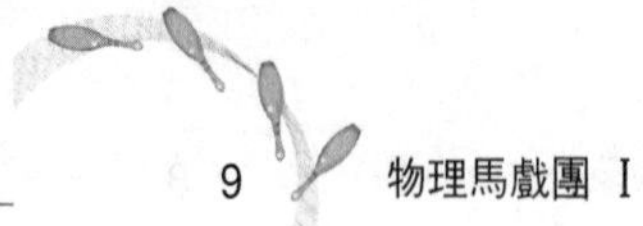

Answer

1.6

若牆壁很寬，你不可能即時繞過去。假若煞車、路面條件等都在理想狀態，且不管車內的乘客由哪個方向撞擊受傷較輕，在這些情況的組合下，根據計算，應該要對正牆壁，儘快地把車停下來。要想讓車轉個圓弧來避開牆，需要加倍的力，而直直把車停下來所需的力最少。

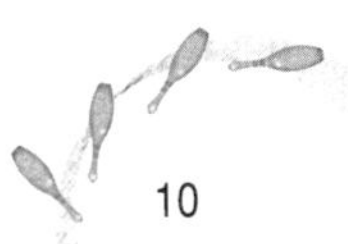

1.7　跳豆

動量傳遞　質心運動

爲什麼跳豆會跳？起初它還靜靜地在你掌中，但忽然每隔幾秒，它就彈跳起來。這是否違反了動量守恆？

1.8　跳躍

動量傳遞　質心運動

你能跳多高？你可以算出它的高度嗎？若你的腿長一點，是不是可以跳得更高一些？起跳前有什麼方法可以增加跳躍的高度？像是手該如何擺動之類的。

你能跳多遠？有些選手在跳遠的過程中，兩腳會像踩腳踏車似地運動，這對成績有幫助嗎？離地時的最佳角度應是多少？以 45° 拋射一件物體會得到最遠的拋射距離嗎？

爲什麼撐桿跳和跳遠選手在起跳前快速衝刺，但跳高選手的助跑卻慢得多？這三類運動不是都應該以最大的速率離開地面嗎？

在沙灘，你能跳得像在高山上一樣高、一樣遠嗎？如果不能，那運動成績會因海拔高度而異，標準不同的紀錄怎能互相比較？

Answer

1.7

因爲豆子裡有個向上跳的小蟲。

📖 跳豆（jumping bean）是一種墨西哥大戟屬樹的種子。蛾的幼蟲寄生在其中，當卵孵化成毛蟲後，會開始吃種子的內部以吸收養分，最後只留下種子空殼。毛蟲接下來會在種子內壁結網，並不時地抓住網，造成身體的猛烈抽動，從外面看起來就好像豆子在跳動般，故稱為跳豆。

1.8

撐桿跳選手要有最大的動能，以達到運動的最大高度，但跳高選手能達到的高度和最後的彈力有關，而和接近時的動能無關。至於跳遠選手在空中的兩腿踩踏，是想校正起跳造成的身體傾斜。海拔的高度對於運動成績確實是有影響的，究竟是爲什麼，留給你慢慢思考吧！☺

1.9　投慢速球給強棒

動量傳遞　質心運動

投手有時候會投軟軟的慢速球給強棒，是想讓對方比較沒機會擊出全壘打，這想法有物理依據嗎？

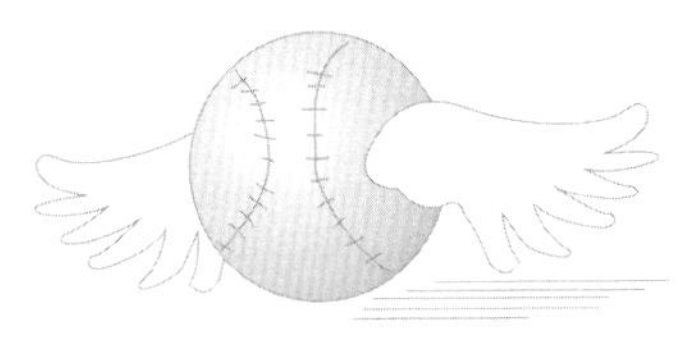

1.10　空手道攻擊

衝量　碰撞

在空手道的道館裡，老師教導我們在攻擊對手的時候，不論是正拳、前踢或手刀，在進入對手身體幾公分的深度就要停住。這和街頭打鬥不同，街頭打鬥的時候我們往往會一拳到底。這兩種打鬥技巧，何者傷害較大？簡單計算一下，你能知道空手道選手在劈木板、劈磚塊或打斷骨頭的力道嗎？

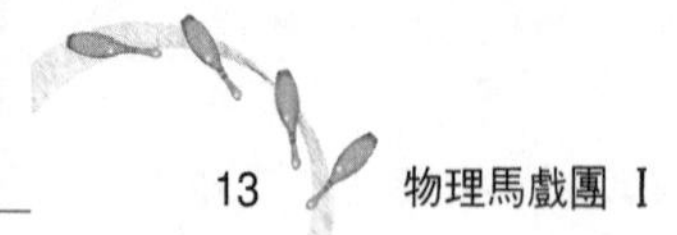

Answer

1.9

強打者甚至能將靜止的球打出全壘打。因此除非他被投手的軟球愚弄，揮棒過快，否則的話，慢速球打出全壘打的機會更大。

1.10

一拳到底的打法造成的傷害比較小，因爲基本上，它等於是在「推」對手。至於空手道的正拳，力道集中在對手體內幾公分的深度，因此是在拳速最高時和對手的身體接觸，造成的衝力最大。

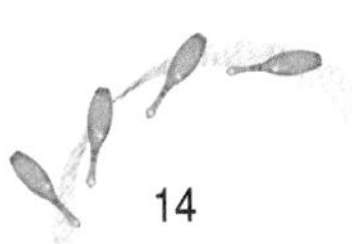

1.11　鎚子

衝量　碰撞

雕刻家在使用鑿子的時候，應該用重一點或輕一點的鎚子？那麼釘釘子呢？在什麼情況下，利用彈性碰撞（也就是鎚子會完全被彈回來）比非彈性碰撞更好？再以更大的尺度來看，比如說打樁的時候，打樁機應該比要打的樁重或輕？隨便猜很容易，但請計算一下再決定答案。

1.12　軟球和硬球

彈性

打擊硬球和軟球時有什麼不同？特別是哪一種球更容易「黏著」球棒或球拍（接觸時間較長）？

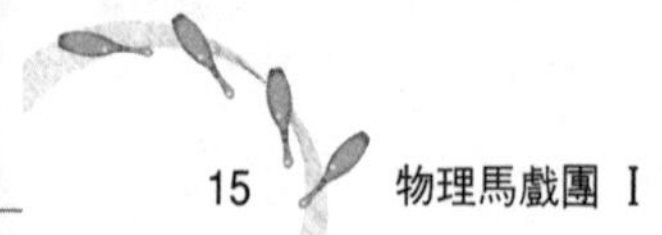

Answer

1.11

如果重點要使被打擊的東西變形，例如打鐵，就要用非彈性碰撞。每次碰撞，錘子的質量愈輕，能量損失的比例就愈高，因此在打鐵時，應該用較輕的鎚子。但在打樁時，你要把動能完全轉移到樁上，而避免任何能量損失在變形上，因此要用較重的鎚子。

1.12

球愈軟，和球棒接觸的時間愈長，因此打擊者可對球做更多的功。當然，軟球絕對比較「黏」。

1.13　重球棒

彈性

爲什麼全壘打者喜歡用重的球棒？看起來重球棒不太容易有較大的末速，因此比較難把球擊得很遠。你應該用重球棒來短打嗎？想想平常球棒的重量範圍，球棒的重量眞的有那麼大的差別嗎？

1.14　椅子上的扭動

質心運動

只有施加外力，才能讓一個物體的質心移動，但你卻可以坐在椅子上，腳不觸地就能將椅子由房間的這頭移到那頭。如果你的扭動全是內力，那麼外力從何而來？

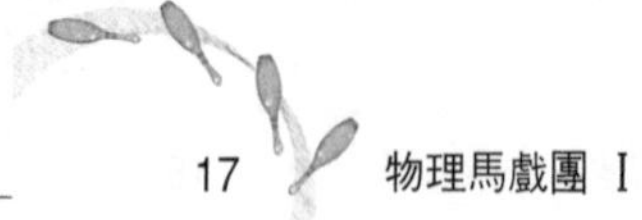

Answer

1.13

對打擊者而言，在擊出相同球速的條件下，只需用到最少能量的球棒，才是最佳的球棒。但一般打者通常選較重的球棒擊出全壘打，而選擇較輕、容易揮動的球棒來短打，很少考慮施加給球的能量。在經過一些簡化條件後，有項研究指出最佳球棒的質量大約是球質量的3、4倍。更精確的計算會使倍數提高，但對棒球來說通常不超過7倍，壘球則不會大於5倍。

1.14

椅腳與地板的摩擦力就是外力。

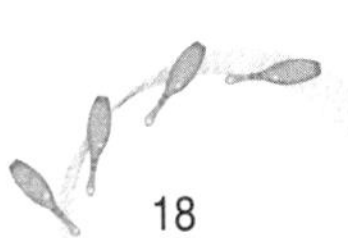

1.15　磕頭蟲翻筋斗

功率　能量

如果你撥弄一隻六腳朝天的磕頭蟲，它可能突然「卡噠」一聲，躍入空中25公分高。你也許認爲這把戲對它只是件輕而易舉的事。但這小甲蟲沒有用腳，就能以400g的加速度把自己拋入空中，然後轉個身，穩穩地站在地上。想想看，400g！更令人驚異的是，它需要的功是任何肌肉直接輸出功的100倍。這隻小蟲怎麼能發出這麼巨大的功？它能以怎樣的頻率表演這套把戲？這頻率又受怎樣的物理條件限制？

1.16　壓力調節器

壓力　力

你用過壓力鍋嗎？我家用的是在蓋子上有個扁小圓柱，可以調節壓力。小圓柱上鑽了三個不同大小的孔，我要什麼壓力，就選特別的孔，插入突出於蓋子上的小管子。它是怎麼作用的？不管我選擇哪個小孔，鍋子裡的蒸汽總是會從同一個小圓柱跑出去。爲什麼不同的小孔會得到不同的壓力？

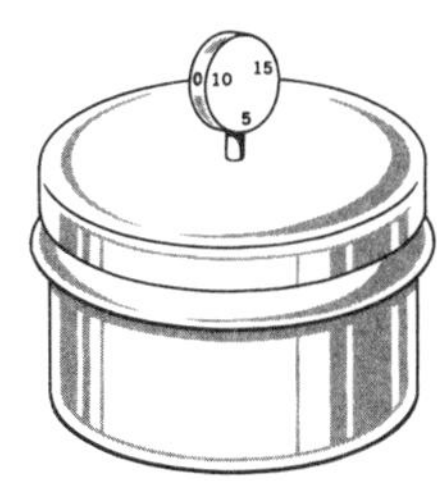

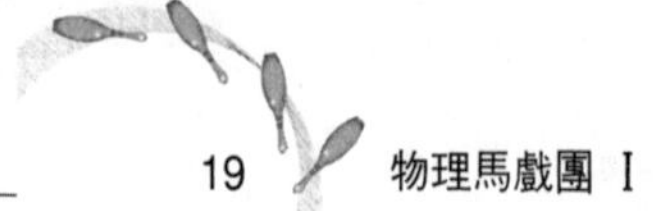

Answer

1.15

當甲蟲的腹部朝天時，有隻腳的跳躍肌抽動，讓甲蟲的上半身搖擺向上，引發跳躍。肌肉裡的張力緩緩累積，最後腳一揮，身體的上半部迅速轉向上，跳入空中。甲蟲必須再慢慢累積肌肉的張力，才能跳第二次。

1.16

每個洞的截面積不同，相同的重量由不同的面積來承擔，壓力就不同。例如截面積最大的圓孔，每單位面積承受的壓力最小，用最小的壓力就可以把它頂開，因此鍋裡能維持的壓力最低。

1.17　時間的重量

重量　動量轉移

沙漏的重量和沙的流動有關嗎？
若有部分沙正在落下，沙漏的重量會減少嗎？

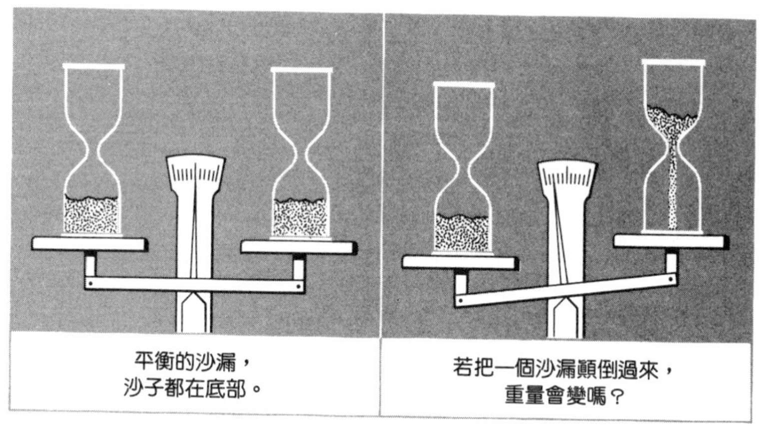

平衡的沙漏，
沙子都在底部。

若把一個沙漏顛倒過來，
重量會變嗎？

Answer

1.17

沙漏在計時的過程中，儘管有些沙正在掉落的途中，兩個沙漏的重量還是一樣的。而當沙掉到底時，會給沙漏一些額外的衝力。

那麼在下列情況下何者才會平衡呢？是當第一顆沙開始往下落？或最後一粒沙碰到底時？☺

1.18 跳跳球可當致命武器

彈性

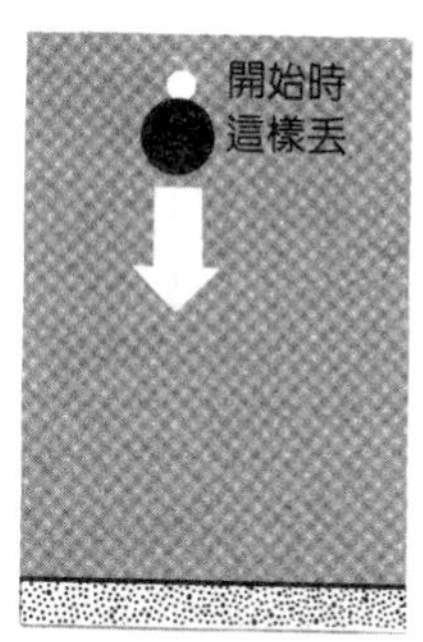

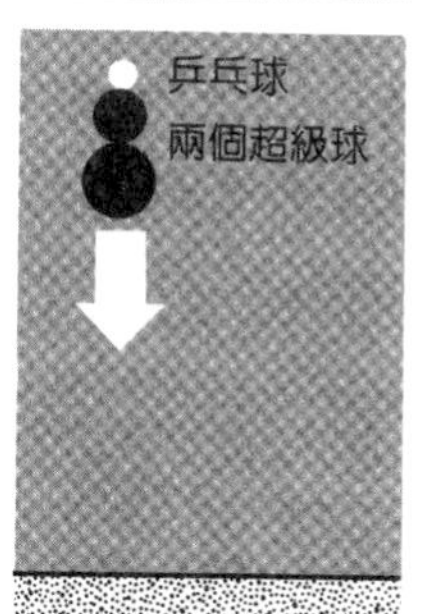

跳跳球是一種非常有彈性的橡膠球，它有幾個不同品牌。若一個小跳跳球像右上圖那樣，緊隨著另一個大跳跳球一起落下。當兩個球一起落到地板時，小球會被彈回空中。若小球的質量選擇適當，則大球會完全靜止在地上，而小球的反彈高度可以到達原先丟下高度的9倍左右。

再試試另一種情況。如第三個圖那樣，同時丟下一個乒乓球、一個小跳跳球和一個大跳跳球。若球的質量也都經過適當地挑選，乒乓球的反彈高度可達原高度的50倍之多。

Answer

1.18

大球從地面彈起來的時候，和它上面的小球碰撞，把自己的動量和動能傳遞給小球，因此小球可以反彈到超過原先落下時的高度。小球可以得到的最大速度，若是落下速度的三倍，能夠彈起的最大高度便是原來的九倍。當小球的質量愈接近大球，回彈的高度就愈低。

1.19　踩死煞車

摩擦力

如果你必須迅速把車停下來，你是否該猛踩煞車，並且把它牢牢地踩死？

1.20　沒有胎紋的寬胎

摩擦力

假設有兩個車胎，胎紋幾乎都磨光了。一個是正常寬度，另一個特別寬，你該選用哪一個，會有比較好的煞車能力？

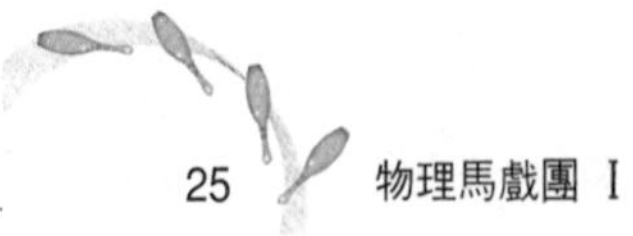

Answer

1.19

滑動摩擦係數小於靜摩擦係數，因此讓輪胎在路上滾動，比在路上滑更容易把車停住。在乾燥、平滑的柏油路面，滾動的摩擦係數可達0.8，而滑動摩擦最多只有0.6。當車開始滑動時，柏油在和輪胎接觸的界面上會熔化，車子便是在這層薄薄的液面上掠過。若所有其他條件都相等，滑動比滾動的煞車距離要長20%。因此若你想儘快停車，別把煞車完全踩死，最好要稍輕一些。

1.20

車胎上的摩擦力，和車胎與路面的接觸面積無關，因此表面光滑的輪胎，寬窄都有相同的煞車效果。若車胎在表面上旋轉、打滑，就像賽車時那樣，寬胎至少有個好處，就是它受熱的面積比較大，不易熔化（車胎熔化會使摩擦力大受影響，參見**1.19**）。

1.21　賽車時的摩擦力

功　功率

在短程加速汽車大賽裡有兩項數據是主要關鍵：末速率和全長四分之一英里賽程的總時間。爲了得到牽引力（traction），在比賽「Go」的信號燈亮之前，會倒一些很黏稠的液體在後輪下面，但顯然徑跡的摩擦力（track's friction）只影響總行程時間，對末速率的影響卻很小，爲什麼？

1.22　讓尺在手指上滑動

功　功率

用兩根食指水平托住一根直尺，然後同時向內滑動。尺會在你的兩根手指上平順地滑動嗎？不是，它首先隨著一根手指滑動，接著才又隨另一根手指滑動，如此依序進行。爲什麼尺的滑動是這樣前後來回呢？

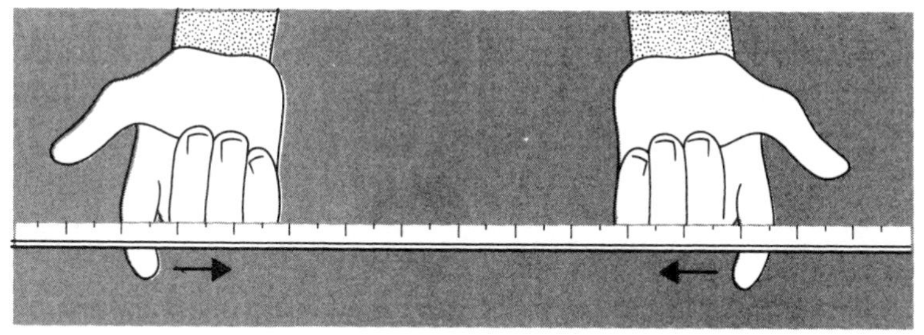

Answer

1.21

比賽的第一部分受到路面牽引力的限制。較大的牽引力會減少花在這部分的時間，但對末速率的影響最多只達幾個百分點。最後的速率是由賽車的功率來決定的，這是比賽的第二部分。

1.22

最先在尺下滑動的手指頭，與尺之間的摩擦是動摩擦，而另外那根不滑動的手指，則是受靜摩擦係數影響，比動摩擦係數大。而尺和手指之間的摩擦力大小，不但和摩擦係數有關，也和手指頭上尺的重量有關。當移動的手指愈來愈接近尺的中央時，尺的重量就愈加重在手上。最後，儘管兩根手指的摩擦係數不同，但滑動手指的摩擦力終會大於靜止手指的摩擦力，這時第一根手指就停止滑動，換第二根手指在尺下滑動。像這樣的交互運動幾次後，兩根手指皆會停在尺的中央附近。

1.23　轉彎時的加速與煞車

角運動

爲什麼你的車在轉彎時最好不要煞車太厲害？假設正在轉彎時，你覺得自己太快了，該怎麼辦？如果你猛踩煞車會怎樣？賽車選手往往在通過彎道以後才加速，爲什麼他們不在彎道中加速？

1.24　汽車起動

摩擦　力矩

手排車在很滑的道路上該怎麼起動？關於這點一直有許多爭議。有人認爲該用低速檔，也有人堅持必須用高速檔。用什麼檔有什麼關係？需要什麼才能使車子移動？爲什麼初速必須很小？用一種檔位比其他好的原因何在？你必須解釋力矩怎麼施加在輪子上，它和排檔有什麼關係，然後再決定何時需多加些力矩，何時需較少的力矩。

Answer

1.23

轉彎時緊急煞車會把車子往前甩，減少後輪的重量，車子更可能會往外滑。相反的，在轉彎時加速會使車子向後振動，增加後輪的牽引力。

1.24

初速必須很慢，否則會超過輪胎和路面之間的靜摩擦，輪胎就會打滑。因此剛開始需要的力矩很小。用哪一檔最好和駕駛的能力以及離合器的圓滑性有關。如果駕駛人總是先讓輪子轉動，力矩可以減半，直接進入二檔。

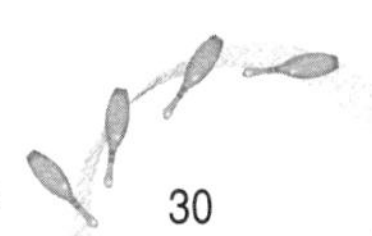

1.25　冰上脫逃　角動量與線性動量守恆　作用與反作用

你朋友惡作劇地將你丟棄在滑溜溜的湖冰上。冰上很滑，你沒辦法大步離開，連小步爬行都很困難，這時你怎麼脫困？假設你本來仰躺在冰上，過了一陣子，你覺得凍澈骨髓，因此想翻個身，在這麼滑的冰上該怎麼做？

他們可能做得更過分，把你像下圖那樣綁在一根柱子上。如果你的手可以自由移動，你怎麼繞柱移動？柱子太溼滑，無法著力，腳下的冰也很滑，你要如何轉身？

Answer

1.25

若正好身旁沒有東西可抓或攀扶，那就丟任何東西(如鞋子)往你想離開方向的相反方向。若湖冰上眞的是理想的無摩擦平面，則系統的總線性動量必定維持爲零，因此你可以往任何方向滑開。

1.26　汽車、腳踏車和火車的轉彎　進動 重心

你怎麼讓腳踏車轉彎？尤其剛開始彎的一剎那，你到底怎麼做？我們知道摩托車是利用身體的傾斜來轉彎，而不是靠把手。兩者爲何不同？

我們知道火車的轉彎有些傾斜，鐵軌故意鋪設得讓外側稍高些，避免離心力使火車出軌。這種類似摩托車的傾斜也是爲了轉彎嗎？用草稿紙簡單計算看看。傾斜的效果是否很大，或甚至是絕對必要的呢？

最後，汽車的高速轉向是否也有類似的考慮？如一級方程式賽車。

Answer

1.26

摩托車輪的角動量非常顯著，而且比腳踏車輪大很多。要讓摩托車轉彎，你必須傾斜，前輪重量以及與路面接觸的支點，兩者經過計算後得到力矩，這力矩便會使輪子產生進動，而使摩托車轉彎（相似的進動原理常出現在陀螺上，參考**1.68**）。腳踏車輪的角動量很小，因此不能靠進動。要腳踏車轉彎，不但要傾斜，還要轉動把手。但當你要左轉時，你是先得將把手轉向左或向右？☺

📖 高速旋轉物體的自轉軸受到外加轉矩作用，產生了一個角動量，也就是物體重力對支點的力矩作用下產生的角動量，其對應的運動就稱為進動（precession），陀螺便是進動的最佳範例。在地上轉動的陀螺，除了陀螺本身的自轉外，另會產生繞鉛垂線旋轉的運動，這便是進動的一種。

1.27 撞球

碰撞 衝力 線性運動

撞球的「推桿」(碰撞後母球會繼續前進)和「拉桿」(碰撞後母球會往回滾動)要怎麼打?我認爲若一個移動的物體碰撞一個相等質量的靜止物體,第一個物體會停住不動。

剁桿會讓母球曲線前進。(很多球場裡不准剁桿,因爲一不小心,會把球檯上的絨布戳個洞。)這是怎麼做的?怎麼會這樣?

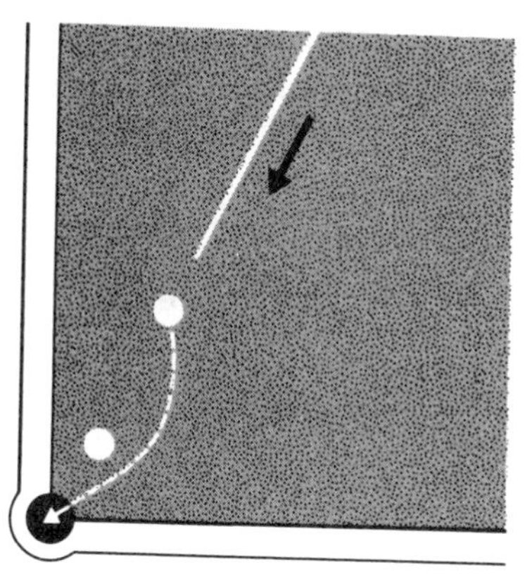

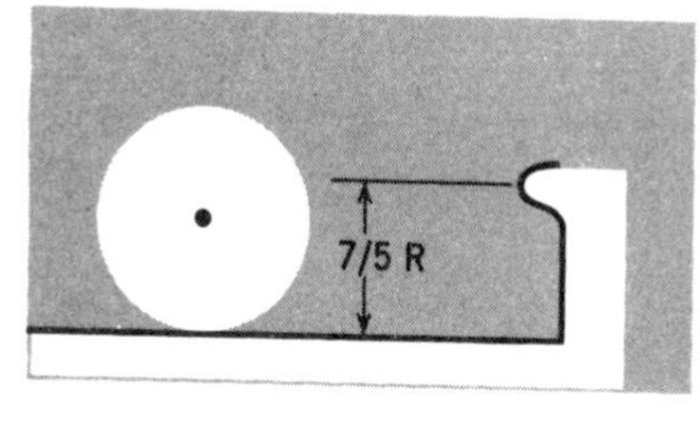

爲什麼球檯的邊緣比球的中心點高?若邊緣的高度和球的中心點相同,不是比較能彈回來嗎?怎麼利用球檯邊緣打塞球(讓球朝左或右旋轉,以得到更大的反彈角度)?

Answer

1.27

儘管撞球質量中心的動能（平移動能，translational kinetic energy）轉移了，但撞球仍保留它的轉動動能（rotational kinetic energy）。因此母球在剛碰撞之後還繼續推動，但只是稍稍滑開，並未在球檯上大幅移動。最後由於球檯的摩擦力，轉動慢下來而球開始滾動。如果瞄點出桿的位置稍高，它會跟著被撞的球往前滾。

至於花式桿法，如剁桿、跳球、塞球等技巧，視出桿法及瞄球的角度而定，你能解釋它們是怎麼做到的嗎？☺

1.28 跳跳球把戲

碰撞　衝力　線性運動

我們這個科技社會所發明的一項很有趣的東西就是跳跳球。因為它的彈性極佳，能表演一些很迷人的把戲。下面幾個圖是其中的一些。請指出每個把戲要怎麼做，並解釋原因。

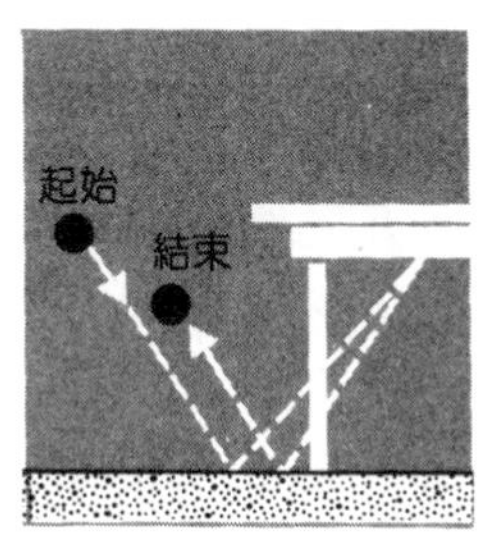

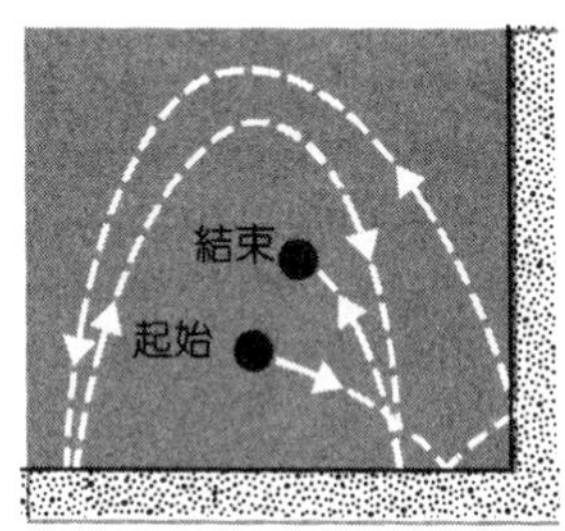

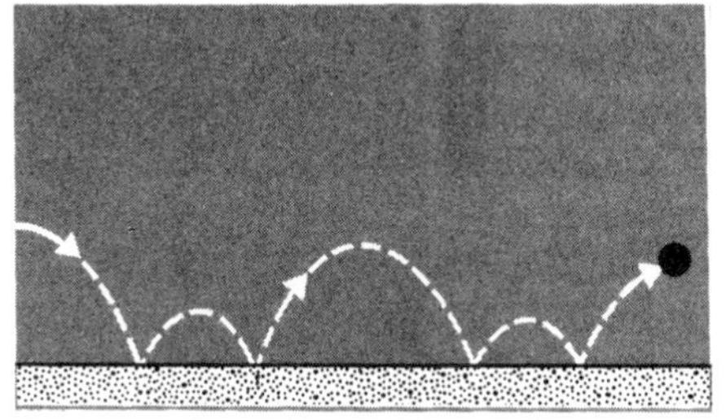

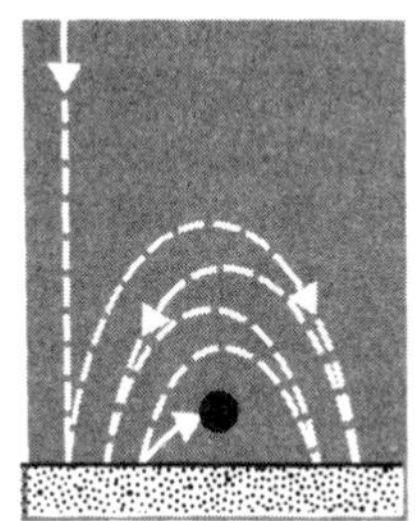

Answer

1.28

想像一下把跳跳球以一個角度丟向地面，並使之旋轉。除了旋轉之外，球的中心速度有水平和垂直於地面的兩個分量。和地板碰撞只是讓垂直分量反過來向上，而球的旋轉和水平速度分量將以更複雜的方式運動。

考慮球和地面的接觸點，球本身的中心速度，加上相對於地板之中心速度的水平分量，成爲這個特定點相對於地板的水平總速度。在碰撞過後，這個特定點的總水平分量便會反轉，也就是反轉了自轉及中心的水平分量。因此，球的反跳方向是由新的總速度向量來決定。例如，球以45˚角拋向地面，而沒有自轉。碰撞之後，它會以夾鉛垂線23.2˚的方向反彈，而且增加了一個向前、向下的自轉。配上適合的初始自轉狀態以及多次碰撞以後，就可以玩出圖中各種花樣。

1.29　腳踏車的設計

稳定性　機械效率

為什麼現代腳踏車設計成這個樣子？

以往的腳踏車有很多不同的型態。有的輪子大小差很多，有的將坐墊固定在前輪上。現代腳踏車是否比這些舊型車更省力或更穩定？

為什麼現代腳踏車的前輪叉採用下圖這種設計？它比其他設計更穩定嗎？

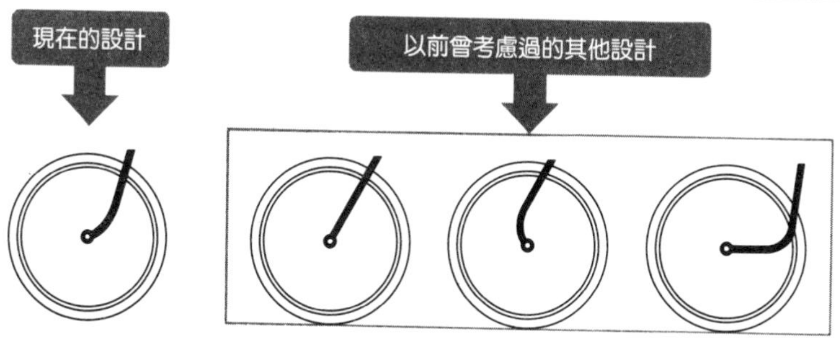

Answer

1.29 & 1.31

一個穩定的腳踏車，它的前輪叉（就是把手中心軸延伸和前輪中心的交叉點）在車身傾斜時會降低，好像輪子變成傾斜般。在最下圖的其他三種設計中，第三種最不穩定，而第二種則太過穩定，以致於騎它的人不容易改變方向。迴轉效應（gyroscopic effect）在腳踏車的騎乘穩定性上沒什麼影響，但若車上沒人而把它往前推，則輪子的推動所造成的迴轉效應，則有助於腳踏車多平衡一會兒。

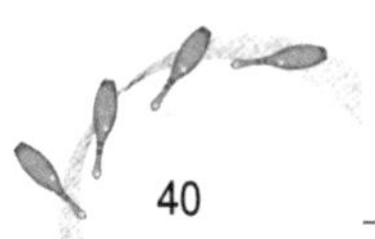

1.30 呼拉圈

共振驅動力

呼拉圈是一種塑膠環，當你以適當的速度搖動臀部時，它會持續在腰上旋轉。這玩具在1950年代開始流行。但類似可以套在手臂或腳上轉動玩具的出現，卻已有很長的歷史，像是美國印地安人就用它來跳呼拉舞。

想想看呼拉圈是怎樣不停地轉動。開始時你將它放在腰際猛然一甩，然後搖動臀部，它就在腰上開始轉起來。你給它的初速是不是要大於後來的轉動速度？你怎麼驅動它繼續旋轉？呼拉圈的轉動和你的身體同步嗎？你能用的最低速率是多少？

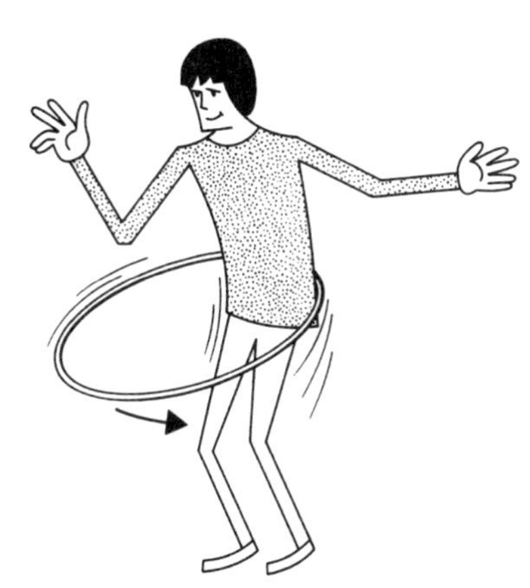

Answer

1.30

呼拉圈和人體之間的振盪運動使呼拉圈能不停地轉動，接觸點的變動是呼拉圈之所以前進的原因。

第一下甩動呼拉圈的速度必須快於穩定轉動的速度。

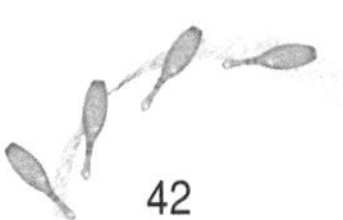

1.31　腳踏車不跌倒　穩定性　力矩

在腳踏車上怎麼維持平衡？當你覺得快跌倒時，是不是擺動身體把它救回來？或者是腳踏車本身掌控了大部分的穩定性？它對穩定至少有些貢獻，因為把沒人騎的腳踏車往前推，至少可維持20秒不倒地。

當你放掉雙手騎腳踏車時，如何操縱方向使之平衡？假設你站在腳踏車旁，把車傾向右方，它的前輪會怎麼轉？為什麼？

「沒人喜歡跌倒，老兄，雖然這樣看起來很可笑！」

1.32　牛仔的套索把戲　驅動旋轉運動

牛仔怎麼讓套索一面旋轉，一面保持套索向上不掉落？最少要有多大的速率才能讓套索保持水平？或垂直？

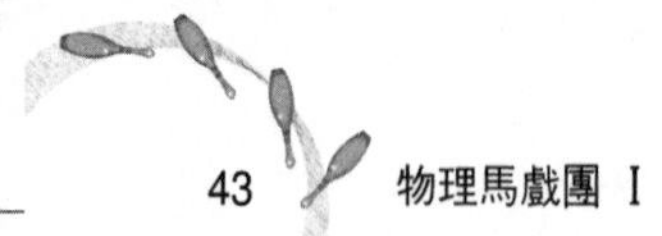

Answer

1.31

參見 **1.29**。

1.32

旋轉套索中的力量至今顯然無人好好地分析過，你可以試著用理論或實驗來評估看看。當旋轉的時候，手握著的位置到套索圈的那一小段繩索，對繩圈有提起與拖曳的雙重效果。一旦繩索進入快速旋轉的狀態之後，由於角動量的存在，會產生一種類似迴轉穩定（gyroscopic stability）的平衡效果。

1.33 書的旋轉

轉動慣量　穩定性

如果你用橡皮筋把書紮緊，拋在空中依三個軸來旋轉。依第 1 軸和第 2 軸旋轉都很容易，是穩定旋轉。但繞第 3 軸旋轉就比較複雜，不管你怎麼小心丟都一樣，你可以試試看。爲什麼繞第 3 軸旋轉會有不可控制的搖晃？

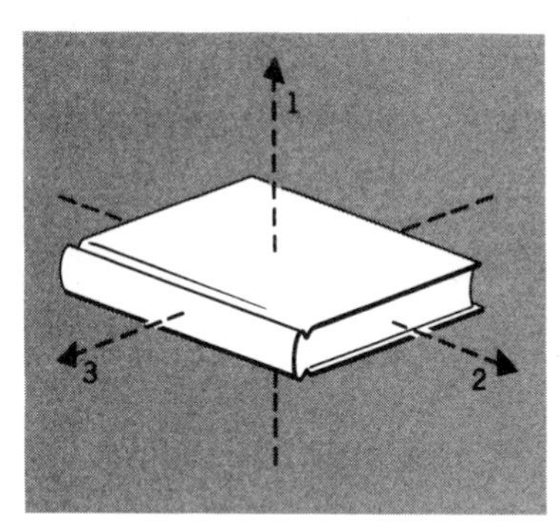

1.34 汽車在冰上滑動

轉動慣量　穩定性

如果車子開始在結冰的路上滑動，你想把它矯正過來，車子前輪轉動的方向應該是朝著你要去的方向，或者是滑行的方向？爲什麼？

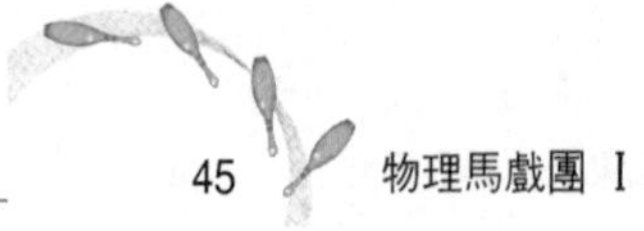

Answer

1.33

繞著有最大和最小轉動慣量的軸旋轉時，會很穩定，可抵抗微小的偏移。繞著中間程度轉動慣量的轉軸旋轉時，就不太穩定了，任何小小擾動都會使書本搖晃。

1.34

最好的作法和好幾個因素有關。如汽車打滑的速率與質心的直線速率比較：哪個輪子有牽引力（前輪或後輪傳動），以及停止直線運動和停止旋轉間，何者較重要等。假設，你的車是後輪向右滑動，而你在路上的車速很小，可忽略，你的前輪還是有牽引力。要防止打滑，你要把輪子朝向打滑的方向（向右），並稍微加速。輪胎來的力矩（對質心而言）會使滑動的角動量減少。當滑動慢下來，再把前輪轉回左邊，重新回到路上。

1.35　輪胎平衡

轉動慣量　穩定性

若你的輪胎只用簡單的氣泡水平儀做靜態平衡，它在轉動的時候，仍能平衡嗎？如果你只在輪圈上加一塊配重（balancing weight），能得到靜態和動態的雙重平衡嗎？若是加兩塊呢？

1.36　捲筒衛生紙

力矩　轉動慣量

對某些放置捲筒衛生紙的架子來說，你在剛開始用的時候，可以撕下很長串的衛生紙，但到後來快用完時，只能撕下很短的衛生紙片。但有些紙捲器的情形正好相反。爲什麼？

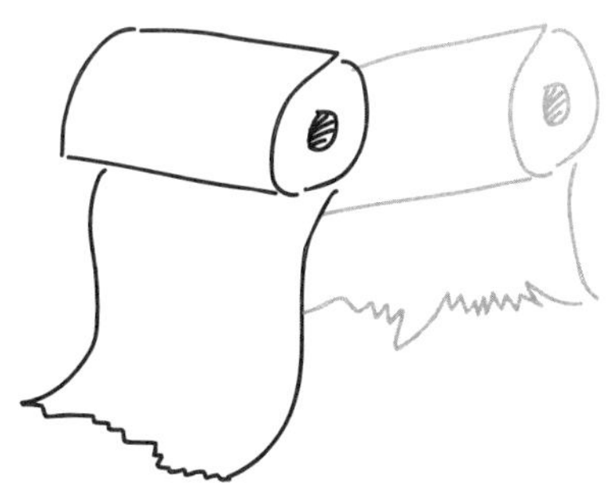

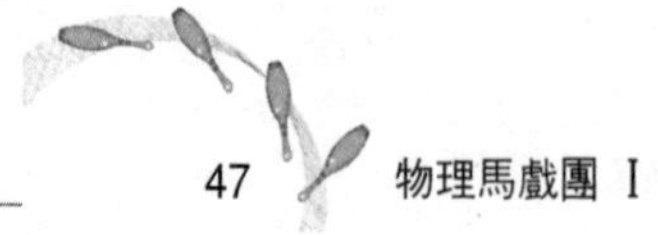

Answer

1.35

加一塊配重而達到靜態平衡的輪胎，在旋轉時不會達到動態平衡。另一方面，這個輪胎在動態平衡時可能不會搖晃，但因爲它只加了一塊配重，一定會產生振動。輪胎的平衡通常是這兩種平衡的取捨，因此若用兩塊配重，可以得到兩種平衡。

1.36

你施加於衛生紙捲的力矩，必須大過紙捲軸與懸掛器之間摩擦力的力矩。如果加在衛生紙上的力太大，就會把紙撕斷而不是轉動。紙捲愈厚，你撕斷紙捲所需施加的力就愈小，但摩擦力的力矩卻愈大，因爲這時的質量較大。對多數的掛架而言，最恰當的紙捲半徑大約是2公分。

1.37　把戲棍

能量守恆　碰撞

把戲棍（fiddlestick）是一種簡單、迷人的玩具。它有個塑膠環（內徑相當大）和一根棍子。若用手指轉動塑膠環，並使棍子保持垂直，環會一面轉動，一面緩緩落下（比你想的慢得多），而且在落下的同時，環愈轉愈快，卻掉得愈慢。在環還沒有掉到最底端之前，若將棍子顛倒過來，整個過程可以無限次地重複。爲什麼環落下的時候轉速會加快？事實上，爲什麼環不會以重力加速度落下來？

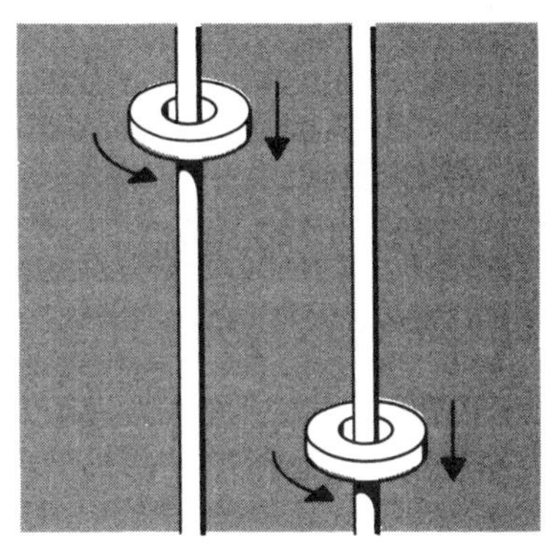

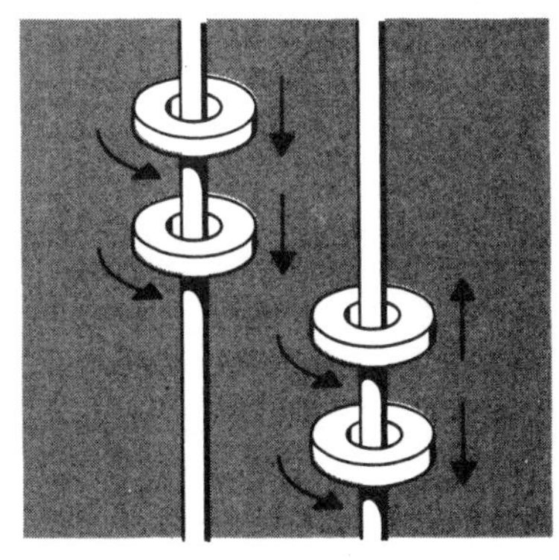

現在我們同時用兩個環。情況會更奇妙，而且可能會發生怪事。上面的環落得比下面的快，因此可能碰到下面的環。若是這樣，兩環會彈開，上環反而會上升，爲什麼？

Answer

1.37

與棍子接觸得來的摩擦力，會讓環不致快速落下。當環繞著棍子旋轉時，旋轉環的一部分穩定性來自於棍子的垂直分力。當環逐漸落下時，轉速加快，這是因爲有些位能轉變成旋轉的動能。

對於這種玩具，目前還沒有多少文章談到，爲什麼你不做些實驗，發展一些預測轉速增加的模型？☺

1.38　愛斯基摩划船手

力矩　重心

愛斯基摩人甚至不需離開座位，就可以讓獨木舟調頭，他是怎麼做到的？

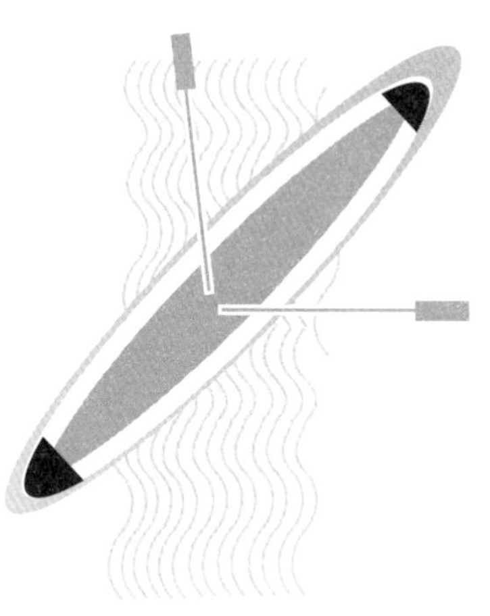

1.39　大輪胎

力矩　重心

直徑較大的輪胎眞的能跑得快些嗎？

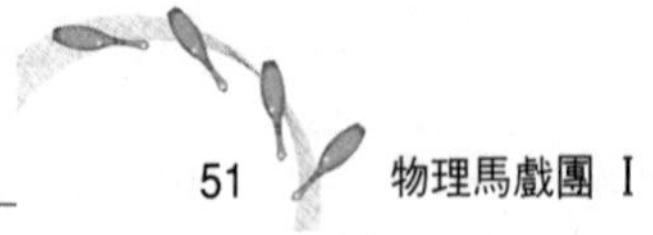

Answer

1.38

準備在水裡掉頭的時候，槳手會把船槳遠遠地伸出，往水底方向推，讓水面上的自己與獨木舟有個向表面旋轉的力矩。爲了讓自己有足夠的角速度，槳手會讓身體儘量地靠近旋轉軸，以降低沿著轉軸的轉動慣量。

1.39

汽車對輪子產生的角加速度可能有某個最大值。車胎的直徑愈大，每轉一圈的長度就愈長，因此它的直線加速度比較大。但若汽車的動力有限，加大車輪反而會使角加速度降低，因此汽車將具有同樣的直線加速度。

1.40　跳躍的石頭　　力矩　角動量

你曾用石頭打過水漂嗎？若用同樣的方法，將石頭打在緻密的溼沙上時，會留下石頭跳躍的痕跡。你會發現石頭第一個跳躍的距離很短（幾英寸）第二個距離很長（幾英尺），直到石頭停止之前，一直重複如此。怎麼會有這樣的跳動方式？

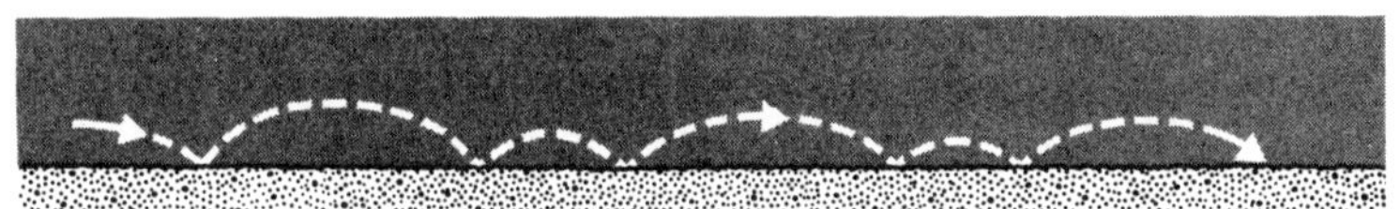

第二次世界大戰期間，英國曾利用這種效應來轟炸德國水壩。在地面砲火的防衛下，很難精確地瞄準水壩投彈。因此英國皇家空軍使用一種特殊炸彈（圓柱型，長約5英尺，直徑較小），在投彈之前，讓它有500rpm（轉／分鐘）的向後旋轉量，然後投擲下去。

「當它落到水面時，會像石頭一樣地掠過，但每次跳躍的距離愈來愈短，直到碰到壩壁爲止。之後，由於向後旋轉，炸彈不會再反彈，反而會貼著壩壁潛下水面。炸彈上的液體引信設定它在水深30英尺左右爆炸，因此順利達成任務。這個主意既簡單又美妙。對10,000磅重的炸彈而言，在幾英尺的深度內就可把水壩炸垮。」*

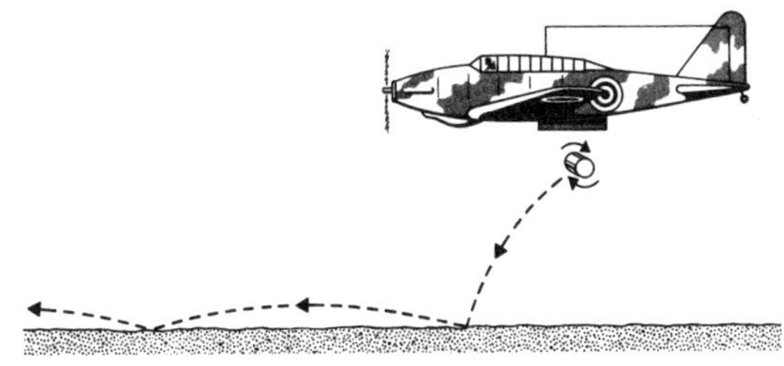

Answer

1.40

石頭通常是後沿先碰到沙地，碰撞產生的力矩讓石頭先跳一段短短的距離，並且轉個身讓前沿觸地。而前沿觸地之後，便會飛過一段較長距離。

若石頭碰的是水面，則不會出現短跳。同樣是後沿先觸水面，但這時貼著水的石頭那一面會向後傾斜，好像前面形成了波峰一般，然後石頭會跳得很遠。

你可以設法用高速攝影機拍下石頭跳躍的整個過程，仔細分析它的力與力矩。

* 摘自《第二次世界大戰的皇家空軍》(*The Royal Air Force in World War II*)，Gavin Lyall 編著，copyright © 1968 by Gavin Lyall。

1.41　汽車差速器

力矩　角動量

汽車在轉彎的時候，外側輪子走的距離較大，因此要走得快些。但兩個輪子在同一根軸上，到底是怎麼轉彎的？

1.42　賽車的引擎位置

轉動慣量

有些歐洲的賽車，引擎不在前面也不在後面，而使用中置引擎。歐洲的巡迴賽車大都就利用街道作爲賽場，因此急轉彎很多。考慮一下汽車轉彎時所需要的力矩，在賽車的狀況下，中置引擎和傳統的引擎位置比較，有什麼優點？

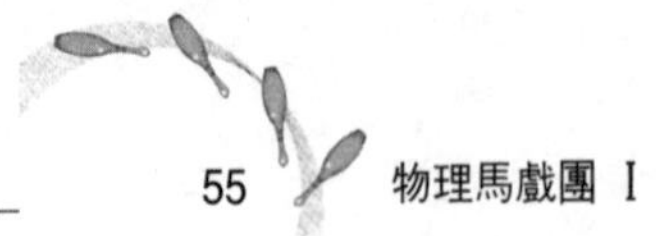

Answer

1.41

裡面的車輪並非和外面車輪硬接在一起的。事實上兩者之間有個差速器（differential），是由四個斜齒輪（bevel gear）構成的一組裝置，它允許外圈的輪子轉得比內圈快。

1.42

對汽車而言，中置引擎的汽車比較容易轉彎，因為它中心的轉動慣量較低，需要的力矩較小。

1.43　馬戲團走索人

重心　穩定性

表演走鋼索的人如何保持平衡？他手裡握著的長桿有什麼用？

1.44　遊樂場裡的擊瓶遊戲

軌道　力矩　角動量

有些遊樂場可以看到這種古老的擺錘擊瓶遊戲。它的遊戲規則如下：利用懸在瓶子上方的擺錘，第一次盪過去時不能碰到瓶子，而在擺回來時擊中它。當然，攤位的主人不會讓你從瓶子正上方放下擺錘或是先練習幾次。但這把戲應該不會太難，對不對？試幾次之後，你應該就能發現需要怎樣的弧度才能得到獎品。如果眞的這樣想，你就去試試看，再懊惱爲什麼屢試不中。究竟要怎樣才會成功？

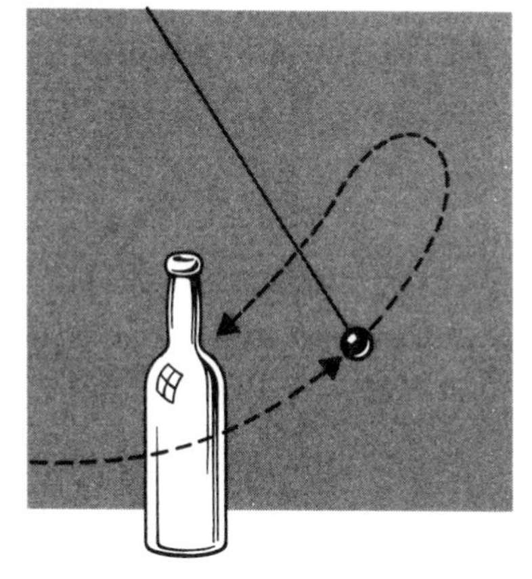

Answer

1.43

走索人在鋼絲上前進的時候，由於腳步是依序左、右前進，因此他要左、右搖擺，使支持點正好在質心的正下方，否則就會掉下來。利用一枝長桿比較容易平衡。長桿配合身體，左右移動，走索人可讓自己的身體與長桿的聯合質心，保持在繩索的支持點上方，他就能保持平衡。

1.44

球會在瓶子周圍的軌道運動，不會碰到瓶子，除非第一次擺過去就碰到。因爲球上沒有垂直於它軌道平面的力矩存在，因此垂直於軌道平面的角動量向量必定守恆。對於下面的瓶子而言，除非搖擺的球直接擊中它，否則角動量守恆的意思，就是球只會在瓶子四周沿軌道繞來繞去，卻碰不到瓶子。但你有個詭計可以擊中瓶子。在把球丟出去之前，將繩子扭轉，這樣的話，球在飛行的途中會旋轉，可以產生不同的力，就像丟變化球一樣（參考 **2.39**）。

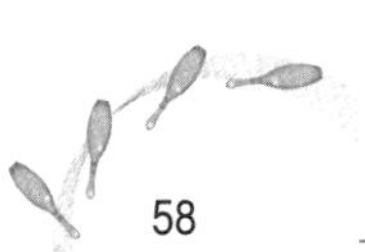

1.45　貓咪落地

力矩　角動量守恆

大家都知道，讓貓咪四腳朝天往下掉，牠落地時總是站得好好的，就算無尾貓也有這種神奇的本事。若沒有外來的力矩，貓的角動量必須守恆。貓咪在落地時角動量是守恆的嗎？若是，貓咪是如何轉身180°？若角動量有變化，那麼一定有個力矩作用在貓身上，這力矩從何而來？設法找一些貓咪在空中轉身的連續照片來看，你應該能找到答案。

1.46　滑雪轉身

力矩　角動量守恆

滑雪轉身包括一組很複雜地扭轉與迴轉（gyration），但我們來想想幾個比較簡單的分解動作。

奧地利式轉身首先必須全身蹲下，然後很用力地伸展上身，同時將上半身轉過來，接著下半身及滑雪板會往反方向轉。為什麼？若上半身轉個固定的角度，下半身會轉多少度？

正常的滑雪姿勢會產生直線的滑雪軌跡，但若把身體向前或向後移動則會強迫轉彎。為什麼身體的移動會引起轉彎？向哪個方向轉？

若滑雪板的前端向下斜切（滑雪板的前端戳入雪裡，使滑雪板和雪地面有個角度），重量的轉移也會造成轉彎，但它轉彎的感覺和正常情況相反。為什麼會這樣？同樣地，是什麼力量引起轉彎的？

Answer

1.45

貓咪在自由落下的途中，牠的角動量是守恆的，並沒有外來的力矩作用在牠身上。但貓藉由四肢的伸展、收縮，可以讓自己的前半身和後半身，以身體本身爲轉軸，有不同的轉動慣量。例如，若它伸展前腳、收縮後腿，後半身再轉動，前半身就會向另一個方向轉動，但沒有後半身那麼多。因此在後腿的轉動方向上，就有些淨轉動。貓咪接著伸展後腿、收縮前腳，並重複上面的動作，讓身體在同一個方向上有更多的轉動。這樣，貓咪最後就能完全轉過身來，四腳安全著地。

1.46

奧地利式旋轉所用的一些動作，有點像貓在空中翻身的扭轉。若滑雪者本身沒有淨力矩，則上半身旋轉向一個方向，必須拌隨著下半身向相反方向旋轉，才能使角動量守恆。滑雪者將身體重心往前移或往後移也會轉彎。想想有個滑雪者以對角線方式穿過一段斜坡，若他把重心向前移動，滑雪板後半段的摩擦力力臂會比前半段長，因此滑雪板上就有個力矩，能使滑雪板和滑雪者轉彎。

1.47　溜溜球

力矩　角動量守恆

你能說明爲什麼溜溜球會沿著繩子往上爬回來嗎？有一種暫停技巧就是將溜溜球丟出去之後，它會在繩子的末端旋轉，但不溜上來，直到你一抖繩子，它才會溜回來，這又是怎麼回事？若暫停的溜溜球碰到地面，它會往前滾動，這就是「帶狗散步」的把戲。

還有更高明的技巧，首先讓溜溜球暫停，然後把繩子拿開，接著把繩子繞在姆指和食指上，再將手用力一抖，溜溜球開始沿繩子爬回來，這時候溜溜球會把鬆鬆的繩子捲好。你可以當著朋友的面，把捲好的溜溜球放入口袋，讓朋友們目瞪口呆。

1.48　柔道中的重摔

力矩　角動量守恆

你被柔道摔擊時，在跌倒的瞬間用手臂擋在蓆墊上可以防止受傷，怎麼會有這種效果？這動作有一小部分是心理作用，但我知道它也有很大部分的實際效果。我在學柔道時，若忘了這招或出手的時間不對，總是會受傷。但當我適時、正確地拍擋蓆墊時，只會造成些微的不適。

Answer

1.47

當溜溜球在繩子的末端旋轉時，溜溜球軸和繩子接觸點之間的動摩擦並不大。若繩子突然往上抽動，會使球和繩子接觸點的摩擦力忽然加大，使得溜溜球停止轉動。當靜摩擦大於動摩擦時，溜溜球不再自己轉動，反而往上沿著繩子爬回來。

1.48

我沒見過什麼有關柔道物理的研究，你或許可以實驗這個問題，並將它與其他的運動研究比較。在倒地瞬間向地拍掌，會增加身體和地面的接觸面積，降低每單位面積的撞擊力，尤其減少胸腔的撞擊力。另外，拍擋蓆墊可使軀幹轉動，進而遠離衝擊力，保護身體。

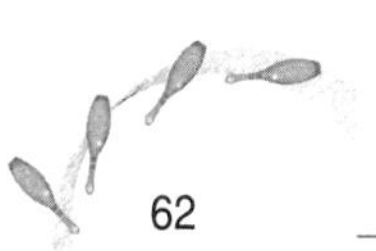

1.49　子彈的旋轉與飄移

角動量　力矩　穩定性

子彈從來福槍（rifle）射出時爲什麼要旋轉？槍膛裡這種螺旋型的凹槽叫做膛線（rifling），目的就是要讓子彈自旋，這也是來福槍名字的由來。

若由後面看，子彈是逆時鐘方向自旋，它會向目標的左側飄移。若是順時針旋轉則飄向右側，爲什麼？你能否粗略估算一下小槍和長槍的飄移量？

1.50　以書堆成的斜塔

重心　力矩　穩定性

若你想用書堆個斜塔，且儘可能又高又斜，該怎麼做才好？你會把上一本書的邊緣擺在超過下一本書中心的位置嗎？

Answer

1.49

子彈的自轉會像個迴轉儀（gyroscope），在整個飛行途中保持它的轉動方向。因此在整條拋物線的子彈行徑路線中，風向不會沿著子彈的軸身吹，而會和轉軸有個角度。最後的力矩會使子彈的旋轉產生進動（precession），就像陀螺的進動那樣。另外，子彈會輕微地偏向左邊或右邊，使它偏移原本預計的路線。

1.50

如果符合下面的條件，斜書塔就不會傾倒。在任何一本書上方所有書的總質心，必須落在這本書的中心垂直軸上，且對這疊書中的每本書，都必須符合此項要求。你可以用理論或實驗方法試試看，若用同樣的書，在書本數目相同的條件下，能夠得到的最大突出量是多少？或反過來，要多少同樣的書，才可以得到某預計長度的突出量。若要突出1本書的長度，最少要有5本同樣的書；要突出3本書的長度，需要227本書；若想突出10本書的長度，則需要1.5×10^{44}本書。

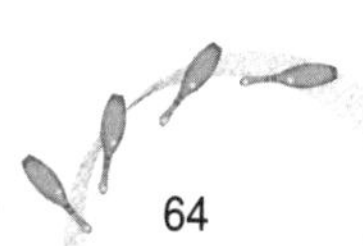

1.51　倒塌的煙囪　力矩　角動量　重心　應力與應變

當高煙囪倒塌時，通常會在中間的某個地方折斷成兩截。爲什麼它不會整根倒下來？你認爲會在哪裡斷裂？它斷裂時會折向地面或向反方向折？你可以推倒一疊積木，觀察它是怎麼倒塌的。

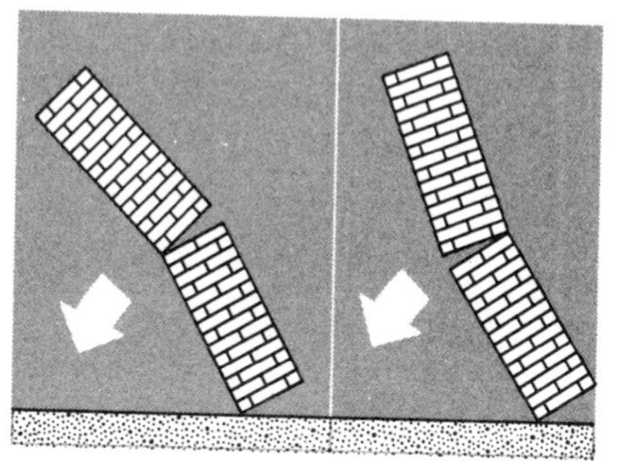

煙囪會朝哪邊折斷？

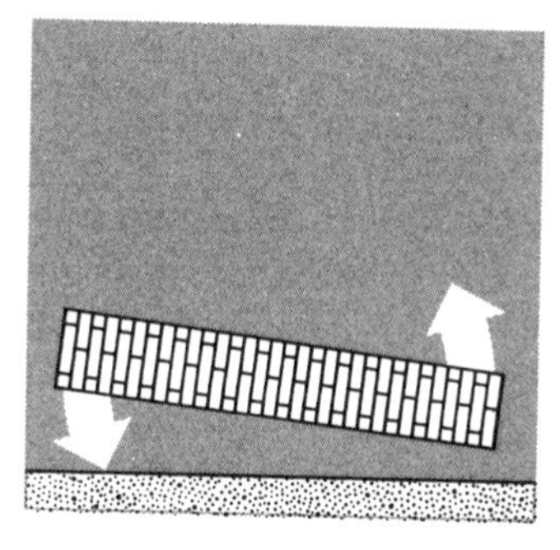

若沒折斷，底部會翹起來。

若煙囪倒塌時沒有斷裂，則會發生更奇怪的事，它的基座會翹起來，伸出空中。怎麼會這樣？這不是違反地心引力嗎？

Answer

1.51

煙囪頂部的角加速度會小於底部，如果煙囪不是非常堅固的話。因此，在倒塌的過程中，應力會沿著煙囪的縱向發展開來。

開始倒塌的初期，應力最大的地方大約在長度一半的位置，這也是最容易破裂的地方。若煙囪在倒塌的末期才破裂，則會裂在離底部約三分之一的地方，這時乃肇因於剪力作用。

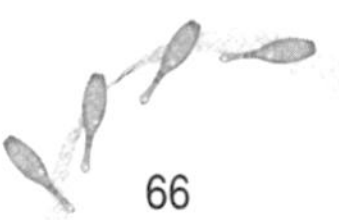

1.52　福克蘭群島戰役與貝爾莎大砲　旋轉座標裡的力

在第一次世界大戰期間，英德兩國在福克蘭群島附近（大約在南緯50°），發生一場著名海戰。當時英軍的砲彈儘管瞄得很準，卻總是很神祕地落在德國軍艦左邊100碼附近。英軍火砲的瞄準系統曾在倫敦精確地標定過，並沒有問題。而大戰期間，德軍砲轟巴黎時，德軍使用一種名叫貝爾莎大砲的長程火砲，射程可達70英里。在正常地瞄準程序操作下，貝爾莎大砲的著彈點會偏移1英里之遙。這些砲彈是怎麼搞的？

1.53　河流沖蝕的比爾定律　旋轉座標裡的力

爲什麼在北半球，河流右岸的沖蝕程度總是比左岸嚴重？

1.54　花式溜冰的新詮釋　旋轉座標裡的力

花式溜冰中的快速旋轉是一個角動量守恆的實例。當她把手縮近身旁，由於角動量守恆，她的轉速會快起來（此時並無外力矩）。

這當然是對的。但我比較喜歡用力的觀點來說明轉速的加快，因爲力比角動量更容易想像。是什麼力使她的轉速加快？

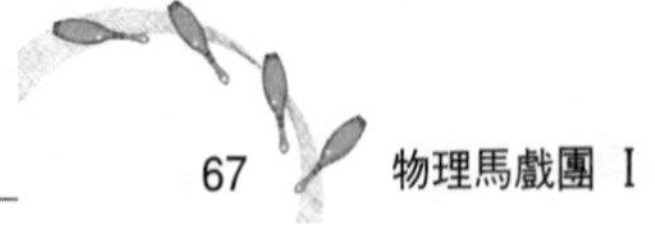

Answer

1.52

砲彈對目視直線的偏差，是由於柯若利士力（Coriolis force）。這是一種假想力，一個位在轉動座標系統（例如轉動的地球）的觀測者，在解釋自己所觀測的拋體路線時所引進的說法。砲手會發現這種明顯的偏差，但偏差的校正得視射手所處的緯度而定，而且南、北半球的校正方向相反。英國的砲手是在北緯瞄準，到了南緯50°當然不合用。

1.53

柯若利士力也會使河流有點偏差：使北半球的河偏右，南半球的河偏左，這種偏差也會加速侵蝕能力，造成左右河岸沖蝕程度不同。

1.54

使自轉速度加快的力就是柯若利士力。

1.55 回力棒

翼形理論　角運動

回力棒（boomerang）的設計是讓它可以丟得很遠，而且還能回到投擲者身邊。澳洲土著曾把回力棒丟出100碼，飛行高度達150英尺，並繞了五圈回來。另一種不會飛回來的回力棒可以丟得更遠，適合用來打獵，可以投擲180碼遠。

傳統的回力棒外形很像一根彎曲的香蕉。這種特殊形狀對回力棒是必要的嗎？能不能做一個可以飛回來的回力棒，外形像X或Y？大多數的回力棒是供右手使用，那麼左撇子用的回力棒有什麼不同？為什麼回力棒（不論什麼形狀）會飛回來？為什麼它的飛行路徑是環狀的？最後，它的飛行路線和離手丟出的方向有什麼關係？

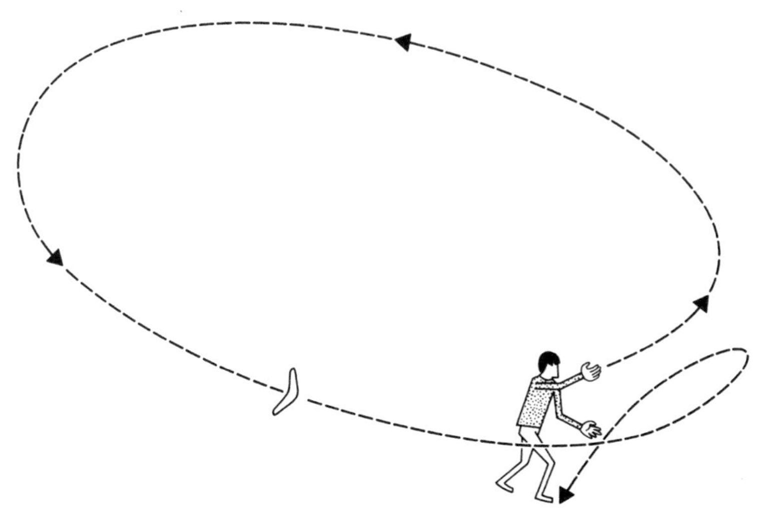

Answer

1.55

右手用的回力棒是以垂直平面丟出，所以它是繞著水平的軸旋轉。因爲它是翼形（airfoil）構造，一旦碰到空氣阻力，有一股由側面來的浮力作用，上半段的浮力會大於下半段，因爲上半段的轉動方向和回力棒的前進方向相同，而下半段的轉動方向則和前進方向相反，因此產生一力矩試圖使回力棒傾斜。但回力棒並不傾斜，取而代之的是往左轉向，保持著垂直旋轉。

充分、飽滿的轉向會儘可能使回力棒的飛行軌道呈圓滿、閉合的環形，這就是爲什麼回力棒能飛回手裡的原因。

1.56　盪鞦韆

角動量 位能與動能

當你盪鞦韆的時候，首先要用力衝，使它盪高起來，接著只要稍微用力就能輕易盪著鞦韆。這種衝勁是怎麼產生效果的？若你想從靜止開始，該怎麼用力？站著或坐在鞦韆上，用力的方式相同嗎？若鞦韆的轉動承軸非常光滑，你有可能盪一整圈嗎？或者在高度上有某種限制？考慮一下鞦韆的兩根把手，在不同材質的情況下，如剛硬的鐵條、鎖鏈或繩索，從靜止到某個最大高度，你必須做多少功？

1.57　士兵列隊齊步通過便橋

振盪 共振

1831 年，在英國曼徹斯特附近，有一隊騎兵以整齊的步伐通過一座吊橋，他們的行進使橋發生擺動，最後橋垮了下來。從那時起，部隊過橋時不再齊步通過。這件事是怎麼發生的？真的有這種危險嗎？可能的話，做個簡單計算。

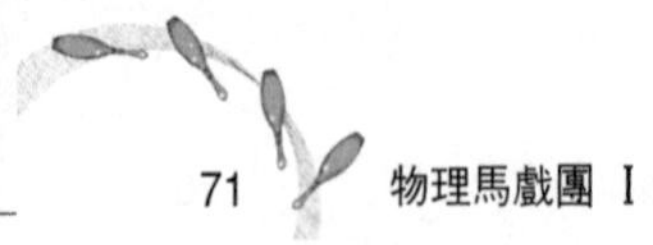

Answer

1.56

你可以對鞦韆加力，讓它愈盪愈高，就是每當鞦韆通過最低點時，你就提高質量中心（把腿伸直）。你做的功會增加鞦韆的能量，使擺動的振幅加大。要解釋鞦韆由靜止開始擺動則比較困難。身體儘可能地向後仰，並突然雙腳離地，使身體下落，這時你會得到動能並給鞦韆一個角動量，你和鞦韆的動作就像一個雙擺（double pendulum）。當你盪到鞦韆長度的高度後，無法再利用降低質心的方法，此時你會和鞦韆一起擺動，形成一個單一的複擺（compound pendulum），直到你高度降低，有機會再運用降低質心的技巧得到動力。

1.57

人們是害怕規律地在橋上踏步，會和橋本身的共振頻率同步。雖然每次踏步增加的振盪能量只有一點點，但若踏步和橋的振盪產生共振，能量會逐漸儲存並累積起來，或許會使橋產生劇烈的大幅度振盪，使橋垮掉（參考 **2.84**）。

1.58　香爐的擺動　力矩 角動量 能量改變 共振振盪

西班牙聖地亞哥（Santiago de Campostella）的朝聖者在朝拜聖詹母斯（St. James）的廟時，常會燒一種香料。香料和木炭一起放在一個銀製香爐裡，香爐則吊在天花板上。開始的時候，讓香爐有輕微地擺動，接著由大約6個人來拉它，使它能振盪到180°。香爐的擺動會讓爐火燒得更旺。最有趣的是拉動香爐的方法：每次經過吊環的正下方時，他們就把擺繩拉短1公尺左右；當香爐到最高點時，他們就把擺繩再放回去。繩子經過這樣的一拉一放，爲何就能增加香爐的振幅大小？

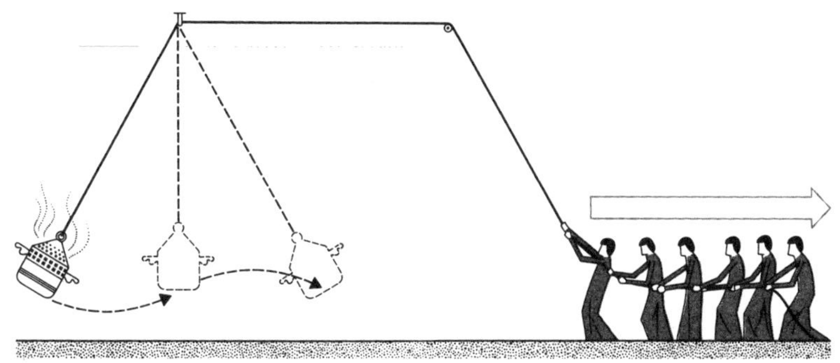

1.59 路面顚簸

共振振盪

一條剛開始很平整的路面，漸漸會有部分隆起，不久之後整條路會變得凹凸不平。事實上，路面的不平似乎會沿著整條路自己慢慢擴散開來。不但很多沒有舖設過的路面會這樣，有時就連柏油路面或水泥路面也會凹凸不平，像洗衣板似的。特別是下雨之後，路面的窪處都積滿了水。

在電車道和鐵道也有類似情形。當火車經過一段此類的「顚簸」路段時，噪音會特別大，有人就把這段路稱爲「吼叫鐵軌」（roaring rails）。

常滑雪的人也會發現在他的滑雪道裡，有些路段特別不平，是什麼造成路面顚簸？什麼決定凹凸位置出現的規律？利用沙箱和手動輪軸來模擬，你能預測出顚簸的週期性嗎？

1.60　擺錘倒置與獨輪車

擺錘運動　穩定性

假設你把一個擺錘顛倒過來放，它將很不穩定，只要稍微偏移就會倒下來。但若能把支撐它的平面快速地上下振盪，則擺錘會穩定得多，稍微偏移也不會倒下來。

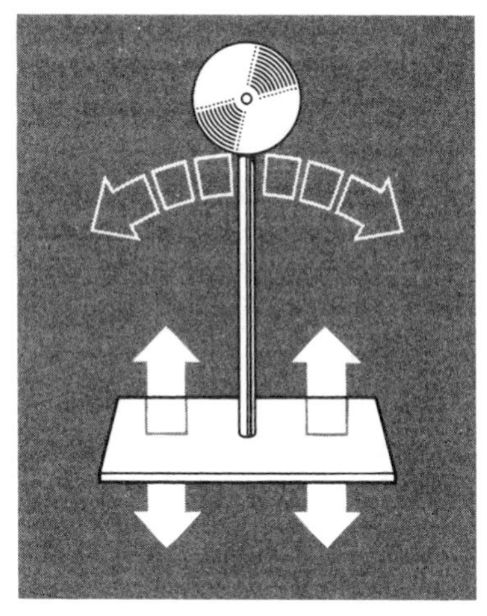

獨輪車的表演者也應用類似的技巧，只不過他是利用水平振盪來增加平衡力。爲什麼振盪會更穩定？得到這種穩定性要什麼振盪頻率？若完全不用公式，你能說明倒置擺錘的物理特性嗎？

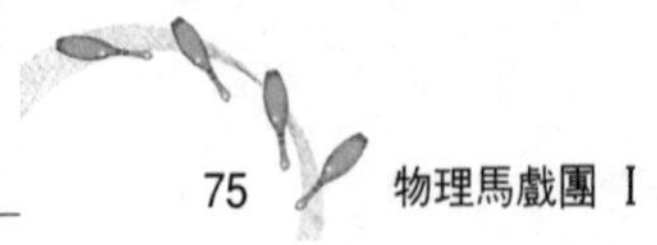

Answer

1.58

香爐的振盪原理和**1.56**的鞦韆原理相同。

1.59

假設剛開始時路面只有一個隆起，它會使通過的車子前輪跳起來。在通過隆起、前輪落下的同時，前輪會重落於路面。若很多車子都在近似的地方發生相同的事，很快的就會在路面上形成一個個新凹洞。

1.60

如果上下振盪產生的垂直加速度比重力加速度大，擺錘就不會倒下來。如果擺錘系統裡沒有摩擦力，它會一直左右搖擺，只要上下振盪仍被迫進行的話。若有明顯的摩擦力，它會靜止於垂直位置而被上下振盪。

1.61 船上的防晃水箱　耦合調和運動

船的搖晃通常是無法避免的，但若波浪以船體的共振頻率拍打船身，這種搖晃就很危險。

有些船為了消除這種危險，就在船上放個水箱，在裡面裝些水。這種水箱的尺寸經過仔細計算，它所裝的水，共振頻率和船體相同。這其中有沒有什麼問題？因為共振的條件已經符合，這水箱如何能防止船身搖晃所累積的共振能量呢？

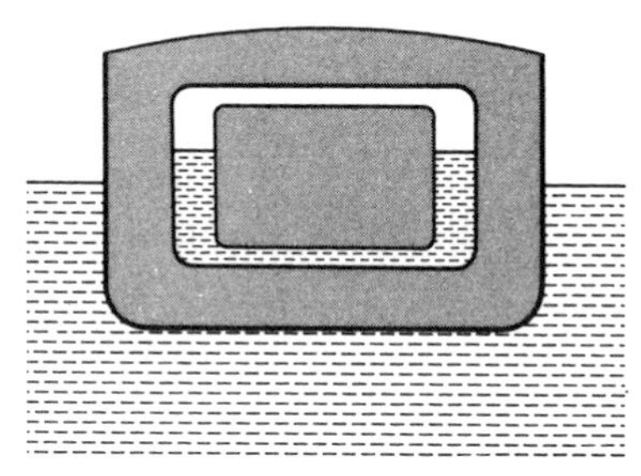

船上的防晃水箱剖面圖

Answer

1.61

船身的搖擺與拍擊船身的海浪之間，並非一致，有90˚的相位差。而船艙裡的水槽雖然頻率和船身的共振頻率相同，但相位卻又落後船身90˚（爲什麼？）因此水槽的振盪正好和外面海浪的拍擊，相位差180˚，所以完全相反，可以抵消船身的搖擺。

1.62　彈簧擺

耦合調和運動

你應該對彈簧和單擺很熟悉，但你考慮過把它們放在一起嗎？就是把擺錘掛在彈簧下。若選到適當的彈簧和擺錘，會得到共鳴式振盪的最佳範例。

正如你所想的，垂直的拉力會產生垂直的振盪，但很快地，垂直運動就消失了，錘子像鐘擺一樣開始擺動。不久之後，它又開始垂直振盪。系統的能量在這兩種振盪之間往復轉移，直到能量完全消散爲止。

你要怎麼選擇錘子和彈簧的質量以及彈簧的長度，才能使能量在兩種振盪之間轉換？爲什麼會有這種能量轉換？轉換的頻率是多少？

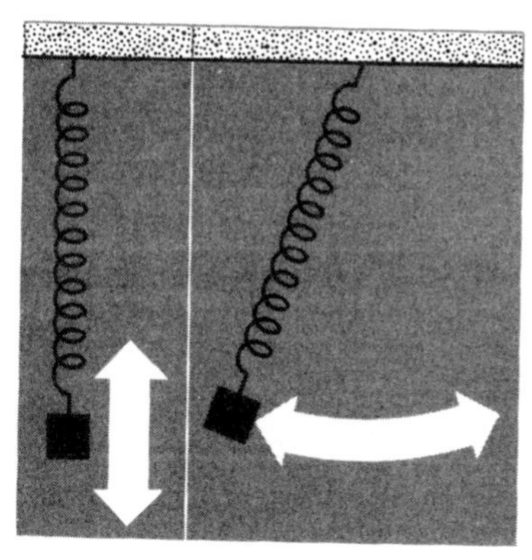

Answer

1.62

你必須仔細地選擇兩者的質量與彈簧長度，使彈簧的振動頻率和單擺的振動頻率完全一致。這樣的話，若系統開始於一種振盪形式，例如彈簧的振盪，則能量會供給至另一種振盪形式，直到能量完全轉移過去。然後能量又會由那個系統再轉回這個系統，一直反覆下去。

1.63　擺動的手錶　耦合調和運動

若把懷錶掛在鍊子上，自由擺動，它的時間會受影響嗎？大多數原來走得很準的錶都會受影響，即使發條已經上緊了。若將錶自由地掛在吊環上，它會慢慢開始搖擺，大部分的錶一天會差個 10 到 15 分鐘。它爲什麼會搖擺？時間又怎麼會受到影響？最後，爲什麼有的錶快，有的錶慢？

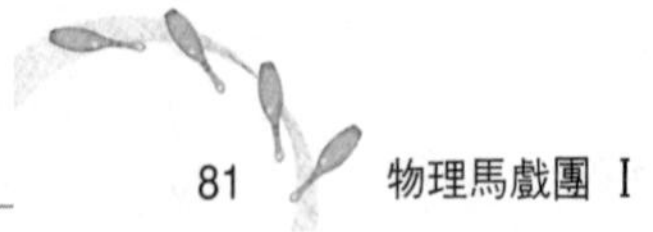

Answer

1.63

這是因為懷錶之內平衡輪（balance wheel）的振盪頻率和它搖擺的共振頻率很接近。

若錶殼的擺動頻率比平衡輪的頻率快，則錶殼和平衡輪的擺動相位相反，手錶就會「得到」時間，也就是走得比標準時間快；若錶殼的頻率較慢，結果則相反。

1.64　不會響的鐘

耦合擺錘運動

裝一個不會響的鐘一點意義也沒有，但德國科倫（Cologne）大教堂卻碰過一次。很不幸地鐘的擺動頻率和鐘舌完全同步，因此鐘怎麼也敲不響。在什麼情況下，兩者的擺動會同步？若眞的發生這種事，該怎麼辦？總不能把鐘丟掉吧！

「該『噹』的時候，它卻『叮』！」

1.65　瀑布旁的地面振動

振動　共振　駐波

瀑布會猛烈衝擊地面，因此你靠近它一段距離就可以感覺到地面的振動。大多數的瀑布都會有個主要的振動頻率，瀑布高度愈短，這個頻率愈高。事實上，振動頻率和瀑布高度的乘積，等於音速的四分之一。爲什麼振動頻率和瀑布的高度有關？它們的相乘積爲何正好是音速的四分之一？

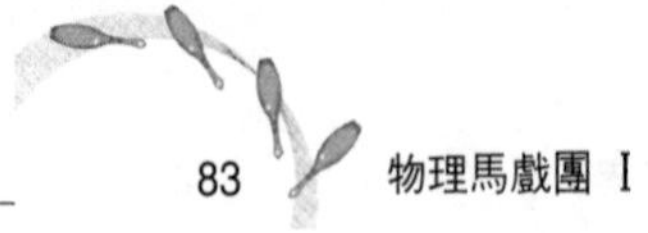

Answer

1.64

一組擺錘掛在一起的雙擺，若其中一個質量和長度都稍小，則這組雙擺將會一起擺動。若這正巧是個鐘和它的鐘舌，鐘便永遠不會響了。有個解決的方法，也是科倫大教堂用的辦法，就是大大增加鐘舌的擺長。

1.65

主要的頻率來自瀑布水柱所產生的駐波（standing wave），也就是聲音的駐波，很像一端封閉、一端開口的管子所形成的聲音駐波。至於四分之一這個數是由於聲音在水中的速度是空氣中速度的四分之一。

1.66　擊球時的手臂刺麻感

衝量　振動模式

有時候在你揮棒擊球時，手臂上會有一股舒服卻無傷的刺痛。這刺痛和球棒上的擊球點位置有關。這種碰撞不只是會讓手臂麻一下，有時甚至可能讓球棒折斷。爲什麼球棒上有這些點？它們在哪？

1.67　射手的迷信

振動

不管射手的瞄準技術多好，當箭的尾羽離開弓柄時，它的方向和目標瞄準線一定有些微偏差，大約7°左右。但射手們深信，只要瞄得準，箭仍會正中紅心。怎麼會這樣？首先，爲什麼會有偏差？其次，即然已有偏差，怎麼能正中紅心？

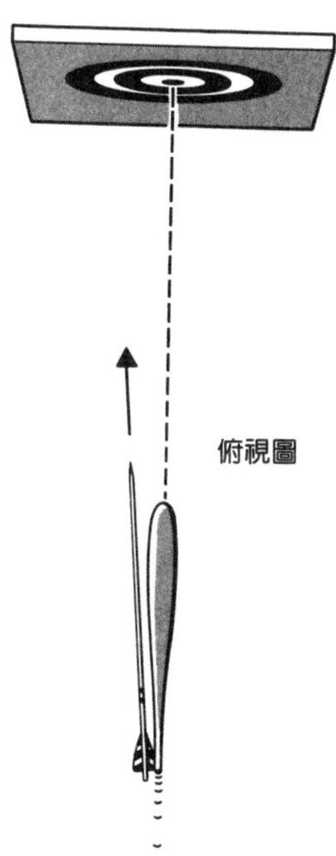

高速攝影顯示，箭身最後和弓的接觸，就是離弦的瞬間，甚至在尾羽通過弓柄時，也未觸及弓身。若是如此，怎能射中紅心？

Answer

1.66

當擊球點的位置是球棒振動駐波的波腹（antinode）時，就會在球棒上產生振動駐波。這是很不好的情形，因爲這種振動會使打擊者的手「麻」一下，消耗一些本來可以傳遞給球的能量，有時甚至會使球棒折斷。

1.67

當箭離弦之後，它從弓弦和弓柄得到一個側面的衝量（impulse）。這樣產生的振動使箭像蛇一樣繞過弓而不會碰到它。也因爲箭和弓沒有摩擦，彼此並無影響，因此箭雖會在飛行的過程中振盪，但卻會筆直命中目標。

1.68　陀螺的特性　力矩　進動

像陀螺這類的自轉玩具是怎麼轉起來的？你能不用力矩或角動量的觀念，純粹用「力」來說明嗎？陀螺抗拒地心引力，能夠使重的一端在上而不倒下，必定有個垂直向上的力支持它。這個力是怎麼來的？

你能順便解釋一下每個陀螺的獨特性嗎？有的很穩定地保持垂直轉動，有的卻狂亂地產生進動現象，如下圖。有的很快就能好好地轉動，有的在穩定轉動之前卻相當慌忙似的。有的固定在一個地方轉很久，有的卻快速地四處遊走。這些特質是怎麼回事？

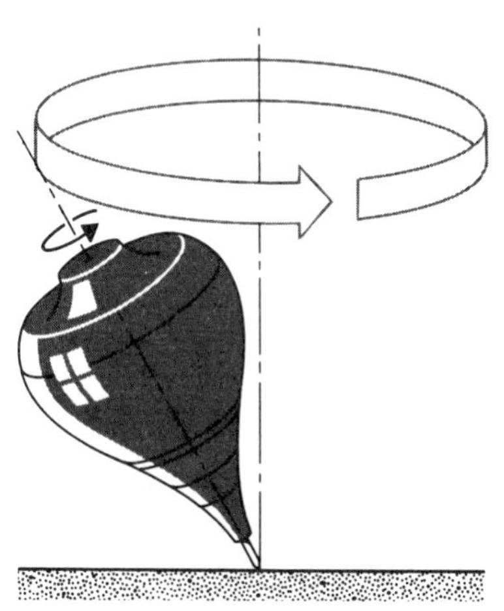

進動是指陀螺軸本身繞著垂直軸旋轉。

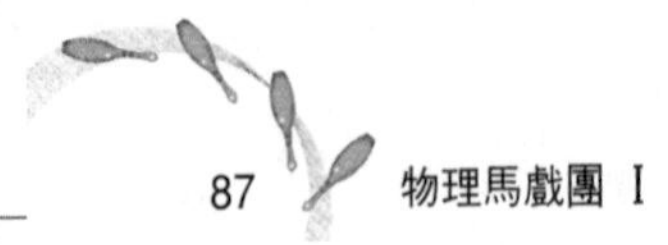

1.69 魔術風車

振動 引起轉動

魔術風車是一種很神奇的玩具，你可以很輕易地製造一個。只要一小根刻有凹痕的棍子，在一端用圖釘把一個會旋轉的葉片固定上去就行了。玩法是這樣的，把有葉片的小棍子用姆指和食指輕輕握住，另外再用另一根小木棍在凹痕上來回滑動，在此同時，食指用力壓小棍子，葉片會向一個方向旋轉。然後你放鬆食指，繼續來回滑動的動作，改用姆指用力壓，葉片的旋轉方向會反過來。

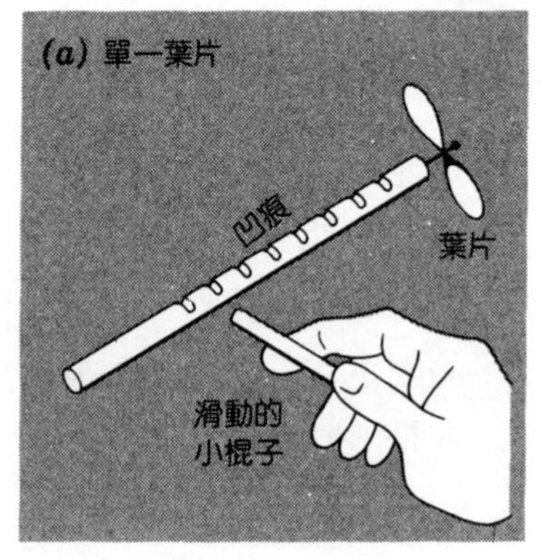

在表演給不知情的人看時，你可以故作神祕，隨意變換手指用力的方向，讓葉片轉過來、轉過去。然後你再編各種說詞來唬人。我最喜歡說：「它是隨宇宙射線的強度變化而改變！」

你會問的第一個問題是，爲什麼葉片會旋轉？其次一定問到那個最令你想不透的問題，爲什麼壓力的方向會影響它的轉動方向？

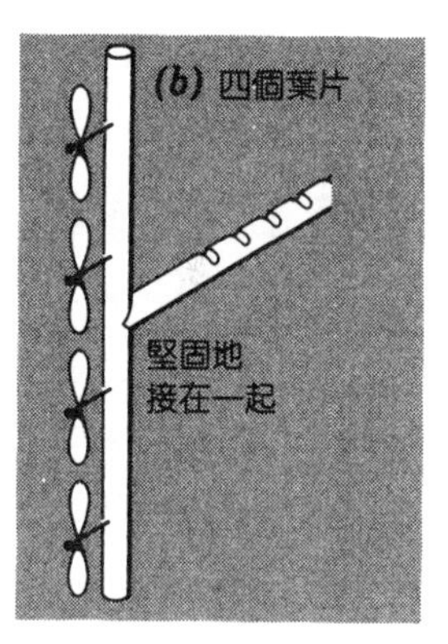

若你想要更新奇的玩意兒，可以在一根橫桿上同時放四個葉片。四個葉片的轉動方向相同，因此它基本上和前者沒什麼不同。

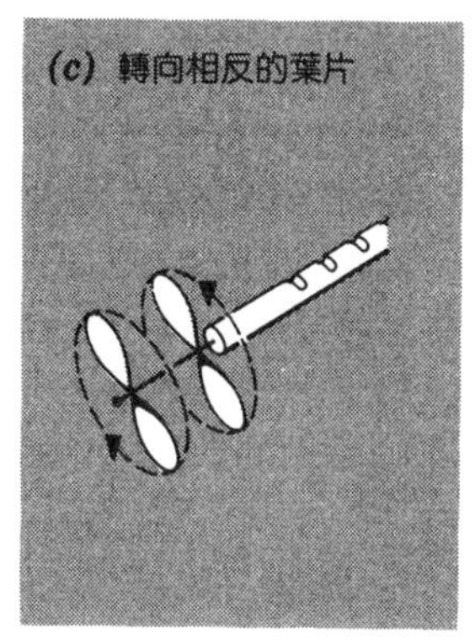

另一種設計是把兩個葉片前、後串在一起，這時會發生比較奇怪的事兒。你可以讓兩個葉片全向左或全向右轉動，但最特別的，你可以讓它們一個轉左、一個轉右。

Answer

1.68

對於陀螺的轉動，並沒有一般的定理，雖然有些相關的運動方程式在高等力學的書中提到過。一個不對稱的陀螺當然不穩定，它的運動方式也是反常、古怪的。陀螺會進動（就是它的自轉軸會繞著中心垂直線轉動），這產生於它的重量所造成的力矩。進動之外，還有一種稱爲章動（nutation）的搖晃，就是其自轉軸發生非常輕微的搖晃。如果不對稱陀螺的自轉軸一開始就垂直，只要它自轉速度高於某個值，它就會一直在同一點旋轉。當摩擦力使它的轉速變慢，低於某臨界值後，它就開始搖晃。

1.69

刻有凹痕的木棍，其垂直與水平兩種振動的頻率和振幅並不相同，這是由於凹痕的垂直與水平方向的形狀不同，而且姆指或食指的施力也不同。因此桿子和末端針頭的振動，是一種橢圓形的軌跡。依據不同手指的壓力，以及木棍被摩擦的方向，會產生橢圓型的振盪，不是順時鐘方向就是逆時鐘方向，而頂端針頭也會跟著振盪。由於針頭和葉片之間的摩擦力，使葉片也跟著旋轉。

1.70　扯鈴

力矩　角動量

扯鈴是一種很古老的玩具，是由兩個圓椎體組成類似線軸的形狀，再用一條繩子來拉動，而繩子的兩頭各綁上一根棍子，以利拉動。首先把右手的棍子放低，再以流暢的動作把右手提高，扯鈴就開始轉動。這個動作逐漸加快，重複幾次，扯鈴就會有足夠的轉速。

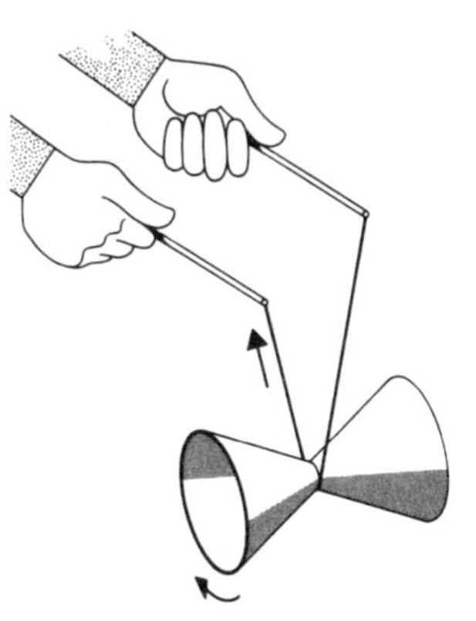

爲什麼扯鈴在轉動的時候比較穩定？但你仍需不時地對它做些調整。例如，假設它有一端往下傾，你要怎麼操作才能使線軸恢復水平。或者想讓它向左溜，又該如何操縱？

1.71　轉動的蛋

力矩　角動量

你若不知道哪個蛋是生的，哪個是熟的，只要轉動它們就成了。煮熟的蛋可以用一端站立，而生蛋則不行。爲什麼？另一個方法是讓蛋旋轉，然後用手指把它暫停，再迅速放手，熟蛋將保持靜止，生蛋卻繼續轉動，爲何如此？

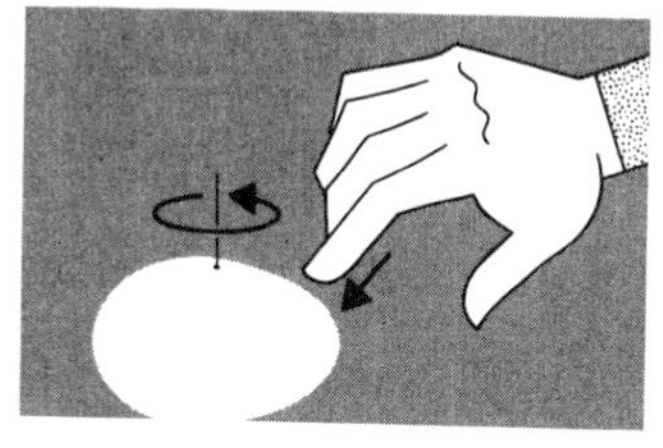

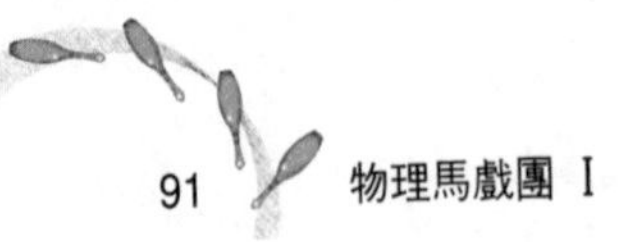

Answer

1.70

轉動的扯鈴基本上是個陀螺或迴轉儀。若要讓它適當地轉動，你得將繩子拉往正確的方向。例如，若由你自身向外看，它以逆時鐘旋轉，而它的外端開始下傾，你應該怎麼拉動繩子？這時你該把左手放鬆，略低些，然後用右手把繩子往上拉動，並朝向自己。這樣你拉力的力矩會改變扯鈴的角動量，使它回到水平。

1.71

生蛋是不對稱的，所以不穩定，沒法豎起來轉動。在旋轉時若用手指短暫地觸碰蛋殼，讓它停止轉動，蛋裡面的液體還是繼續轉動。因此你一放手，它會慢慢地又轉起來。

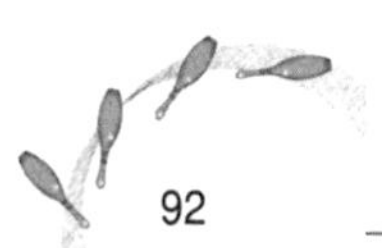

1.72 不聽話的石斧

力矩 角動量

曾經在英國發現一些史前人類製作的石頭器具，在桌上旋轉時，有一些很獨特的性質。這些石頭稱爲石斧，通常呈橢圓形。當你將它們依垂直軸旋轉時，大部分的石斧會正常地旋轉，但也有一些只在轉軸傾斜某個角度而非垂直時，才肯好好地旋轉。如果你用別的角度試著轉動它，這塊不聽話的石斧會慢慢停下來，搖晃幾秒鐘，接著就以它喜歡的方向旋轉。有的石斧喜歡這個方向，有的卻喜歡另外的方向。

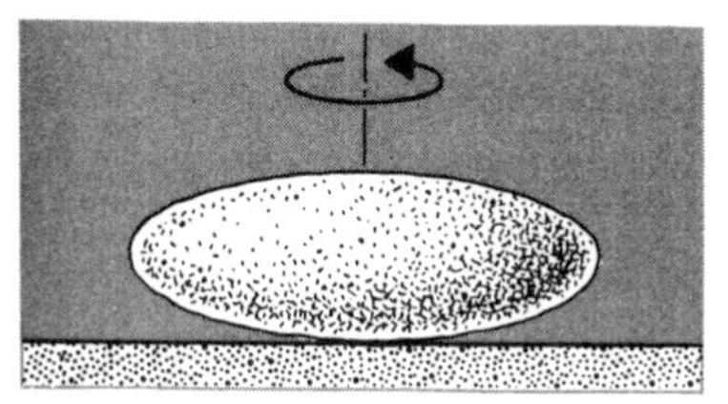

若你在石斧的一端稍微觸碰一下，如在左下圖的A點，它會搖晃一陣子，但很快就停止搖晃，沿垂直軸旋轉起來。

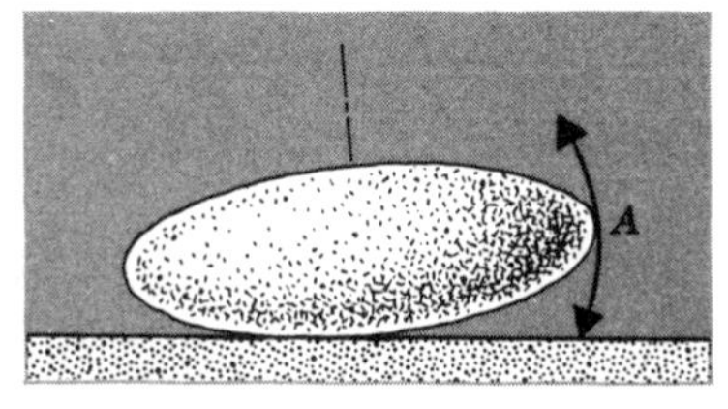

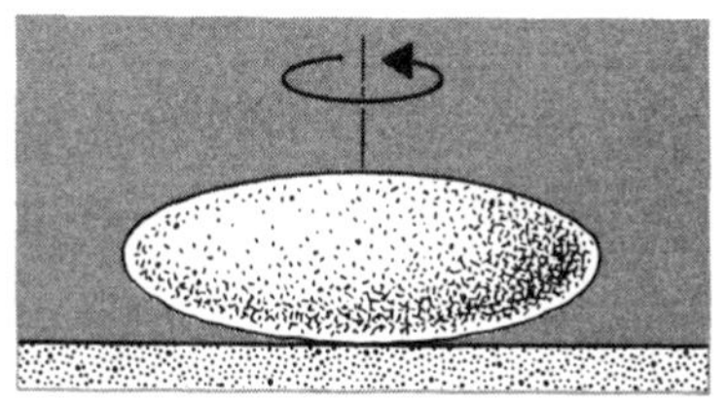

試做一些木頭的「石斧」，看看它們的旋轉特性，並解釋這些特性。

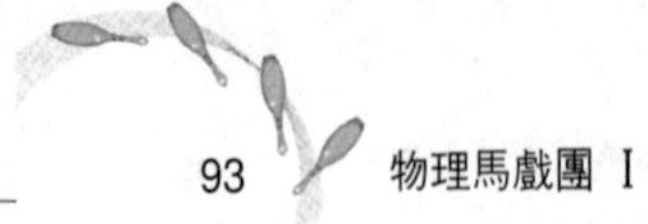

Answer

1.72

這種石頭的底部表面並不是完全的橢圓，而會有點兒向某方向傾斜。因此當你觸碰它的一端，使它偏離平衡位置時，從桌面來的一個垂直分力會產生一個力矩使它旋轉。不同的石斧有不同的旋轉方向，這和它底部表面的傾斜有關。

1.73　不穩定陀螺

力矩　進動

有一種大頭玩具眞的讓我很「頭大」，它是一個很大的半球，另一端只有根小棒棒。若把它球面朝下旋轉，它會很快地自己翻個身，以小棒棒旋轉，較重的頭部反而舉在空中。爲什麼它會翻身，什麼力量使它能對抗地心引力？這不是和我們的直覺違背嗎？較重的一端在下旋轉反而不穩定，重端在上反而穩定？

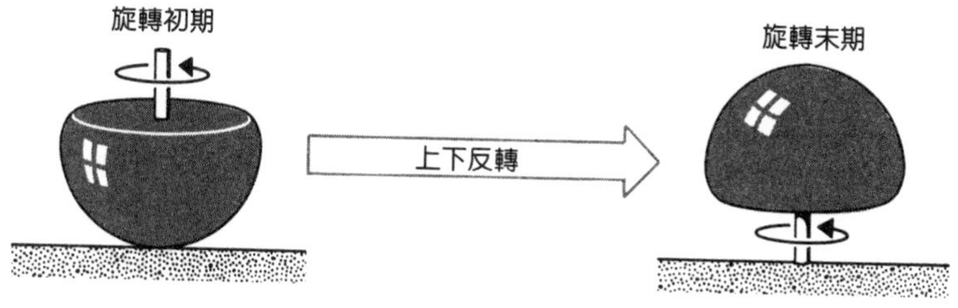

高中生和大學生也常用一種圓形的石頭玩這把戲。橄欖球和煮熟的蛋在旋轉時，也有這種站立起來的傾向。

1.74　在莫斯科上空的間諜衛星

重力　軌道

美國對蘇俄在做什麼一直很關切，因此發射了很多配有遠距攝影機的間諜衛星在蘇聯上空。美國希望能有個衛星一直停在莫斯科上空，一天24小時，但爲什麼不這樣做？反而發射一連串的衛星，在不同的時間，重疊地穿過莫斯科上空？

Answer

1.73

陀螺若在粗糙表面旋轉，接觸點上的摩擦力會產生一個力矩，使發生進動而將它顛倒過來旋轉。

1.74

人造衛星的引力是朝向地球的中心點，因此，它的軌道必須環繞著地球中心。沒有辦法放一個人造衛星在莫斯科上空，並且讓它停留在那兒，因爲這種軌道的中心並不是地球中心。

1.75　只能看見月亮的一面

重力　力矩

爲什麼我們只能看見月亮的同一面？因爲它自轉的速度剛好和環繞地球的公轉速度一致，但這純屬巧合嗎？

1.76　以8字路線繞月飛行

重力　軌道

爲什麼太空人登月時，繞行路線是8字型（地球—月球—地球）而非橢圓型？這種軌道比較節省能源嗎？

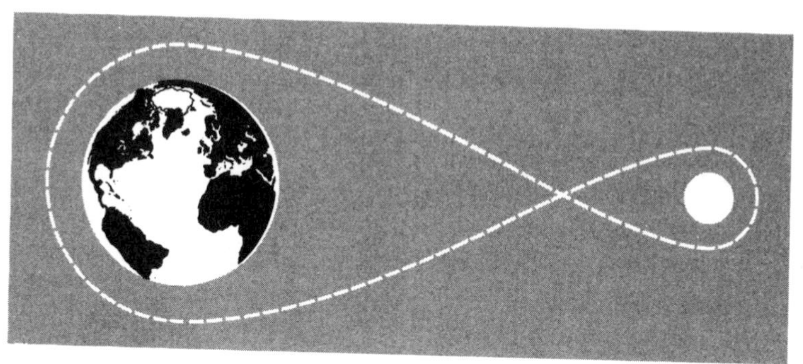

1.77　地球與太陽對月亮的拉力

重力　軌道

與地球對月球的拉力比較，你認爲太陽對月球的拉力有多大？到底月球並沒有眞的被太陽奪去，因此地球的引力要大得多，是吧？聽起來似乎令人滿意，但你錯了。太陽對月球的引力是地球對月球的兩倍，那我們怎麼還看得到月亮？

Answer

1.75

月球的質量分布並非球形對稱的。因此地球的重力場在月球上產生一個力矩，使它對自轉軸有個同步旋轉（synchronous rotation）。這種強迫性的同步旋轉，使月亮永遠用相同的一面對著我們。

1.76

8字的飛行路線用的能量比較少。要登陸月球，太空船至少必須到達某一界線——越過此界線之後，月球的引力就會比地球引力大。若要以最少的能量到達這條界線，太空船要儘量靠近通過地球、月球中心的連線，而非遠離這條連線。

1.77

月球的確像地球一樣，也在繞日軌道上。來自地球的拉力只能造成月亮在軌道上的攝動（perturbation）而已。

1.78　畫出印度地圖

重力

我聽說要測量印度版圖是件困難的事。因為測量所用的鉛垂線受北方喜馬拉雅山脈的影響，會向北微偏而不再指向地心。這是眞的嗎？你認為這個影響有多大？會對大尺度的量測造成影響嗎？

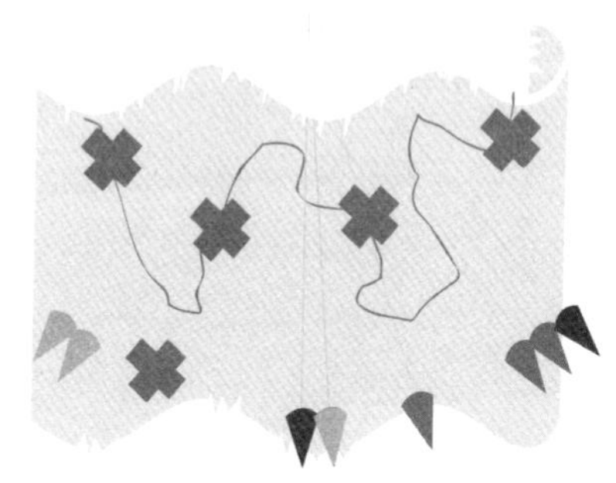

1.79　空氣阻力使衛星加速

動能與位能

人造衛星並不能永遠環繞著地球，高空的稀薄大氣，最後終會使衛星掉下來。但你知道若衛星的軌道近乎圓形時，空氣阻力反而能增加它的線性速度嗎？衛星會感覺到一股往前的加速度。這股加速度力量的大小，就和空氣阻力抗拒它往前飛時一樣。怎麼會這樣？

Answer

1.78

在鄰近山脈或靠近沒有很大質量的區域，如湖邊，鉛垂線和正常垂直的誤差，大約差了幾十個秒弧（arc second）。

1.79

大氣的摩擦力會使人造衛星的總能量減少，但只有一半的位能損失轉變成熱能，另外一半轉換成衛星的動能。因此儘管有空氣阻力，衛星的速度還是會加快，當然軌道的高度也降低了。這個過程會持續下去，直到最後衛星燒掉爲止。

第 2 章

紅茶裡的瘋狂漩渦

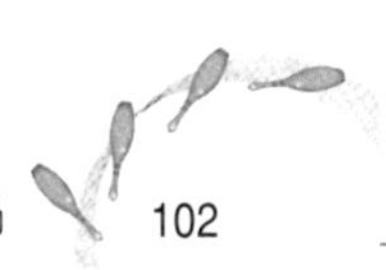

2.1 擊退北海

流體壓力

記得那個荷蘭小男孩的故事嗎？他用手指堵住海堤上的小洞，救了自己的家鄉。他是怎麼做到的？一個小男孩如何對抗整個北海產生的壓力？

2.2 用空氣管呼吸

流體壓力

當你在水裡浮潛時，若僅靠一隻呼吸管呼吸，可以潛到多深？什麼因素限制了深度？

2.3 量血壓

流體壓力

爲什麼醫生在你手臂上大約是心臟高度的位置量血壓？不能在腿上量嗎？

Answer

2.1

施加在小男孩手指上的壓力，只和海水密度以及海堤上小洞距海平面的深度有關。至於海洋的大小和壓力一點關係也沒有。

思考液面下之流體壓力公式：$p = \rho gh$。（p=液面下任一點深度的壓力，ρ=液體密度，g=重力加速度，h=液面下任一點的深度）

2.2

你潛得愈深，肺部所受的壓力愈大。大約在深度3英尺處，水壓已經大到使你無法用這種呼吸管吸氣。

2.3

爲了使量到的血壓值有一致的標準，醫護人員大都是在差不多心臟的高度量血壓。如果在不同的位置量血壓，例如在足踝上，血壓會受被測者的身高所影響，要解釋這樣的結果比較困難。

2.4　巴拿馬運河的最後船閘　流體壓力

在巴拿馬運河的最後一個船閘裡，一艘船很耐心地在等候水位的下降。當水排出一定程度之後，閘門向海緩緩打開，待船閘長開妥閘門，並停止一切機械操作後，船就慢慢朝大海前進，既沒有拖船，也不用自己的動力。是什麼力量讓它離開閘口向海洋航行？

2.5　巴拿馬運河的海水平面　流體壓力

你或許已經知道，巴拿馬運河兩端的兩大洋海平面高度不同。在乾季裡，兩端的差異還小，但在雨季裡，高度有時差到30公分。爲什麼兩邊海平面不同？

Answer

2.4

運河閘門裡的水，是來自湖泊的淡水，而閘門之外是海洋的鹽水。當閘門的兩側壓力相等，而閘門剛開啓時，由於海水的密度比淡水大，淡水的水面會比海水稍高。而二邊的水位必須相等，因此淡水就流向海洋，船也跟著漂出去。

2.5

運河兩端海水水面高度之所以不同，部分原因是兩個海洋的海水含鹽度不同。太平洋比較鹹，它的海水密度較大。和**2.4**的原因相同，運河的太平洋側海面比大西洋側要低。

2.6　沙漏的浮力

浮力

若把沙漏放進裝水的窄玻璃管裡，把玻璃管顛倒之後，沙漏會再浮起來嗎？

沙原來在沙漏的下半部，現在應會在上半部。沙漏的重量和體積都沒變，因此它應該再浮到頂端去。但它會先沉在底下，直到沙全部掉到沙漏的下半部才又浮上去。

爲什麼？沙漏的浮力眞的和沙在上半部或下半部有關嗎？

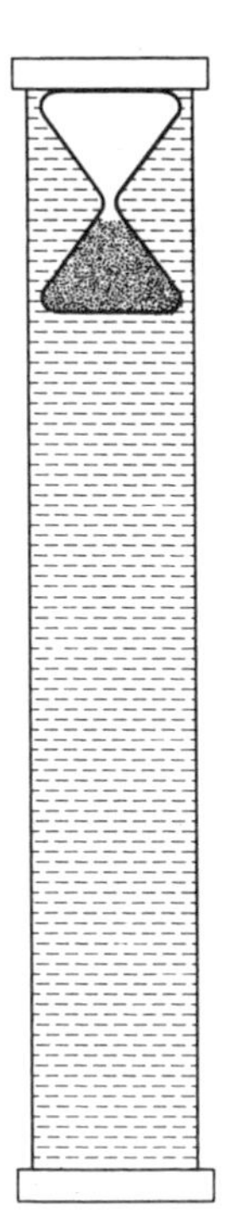

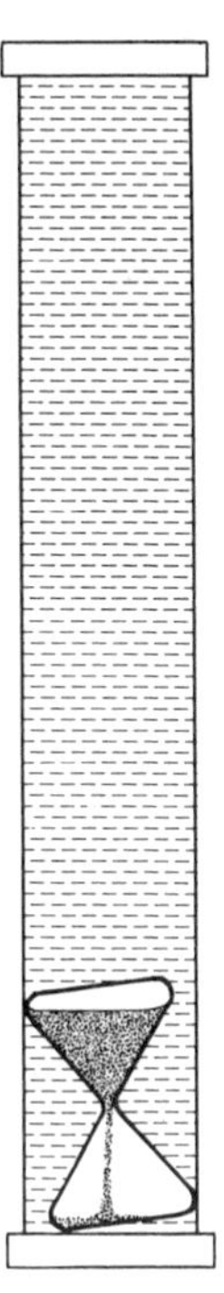

Answer

2.6

答案其實很簡單，甚至還有點狡猾。在兩個例子裡，沙漏的體積並沒有改變，因此它的浮力當然是一樣的。但是當沙漏顛倒時，它會斜斜地靠在玻璃管壁上，摩擦力會使它停在原地一陣子。

2.7　沉在游泳池裡的船　浮力

有艘船浮在游泳池裡，從船上往池中丟下石頭，接著要問你一個著名的問題，泳池的水會上升、下降或不變呢？很多傑出的物理學家如加莫夫、歐本海默和布洛赫都被問過這個問題。而且令人尷尬的是，他們的回答都不對。

如果船底有個洞，船沉了，水位會如何？若水位改變了，什麼時候會變？特別是當水開始湧進船裡時，水位就開始改變嗎？

2.8　捲成一團的水管　帕斯卡定律

若你想把水倒入捲成一團的水管，另一端是不會有水流出來的。事實上，令人感到奇怪的是，連水要倒進去都有些困難，爲什麼？

Answer

2.7

還在船上的石頭置換了和它同樣重量的水的體積。石頭的密度大於水，因此它置換的水，體積比石頭總體積還要大。但當石頭拋到池底時，它只置換了和自己同體積的水。因此丟入水池的石頭，置換的水比較少，所以池水的水面會降低。當船正在沉沒時，泳池的水位會保持不變，直到它完全沉沒之後，水位才會下降。

加莫夫（George Gamow, 1904-1968），烏克蘭裔美國物理學家，提出大霹靂說，參與分子生物研究。

歐本海默（Robert Oppenheimer, 1904-1967），曼哈坦原子彈計畫主持人，「原子彈之父」，曾任普林斯頓高等研究院院長。

布洛赫（Felix Bloch, 1905-1983），美國史丹福大學固態物理學家，研究核磁共振，1952年諾貝爾物理獎得主。

2.8

當水開始流入第一環水管時，有些水會進入第二環水管。很快地第一環水管的水滿了，但會有一些空氣留在第一環水管的上端。之後水就流不進來了，直到漏斗下的水柱高起來。若水柱夠高，水就會再開始流入另一環水管。但是水柱的高度有限，在過了幾環水管之後，水柱就再也無法移除環路頂端的空氣，水就流不進去了。

2.9　乾船塢裡的船

浮力　阿基米德定律

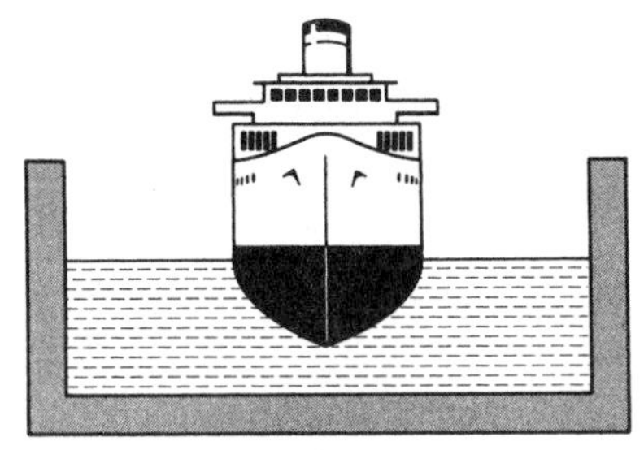

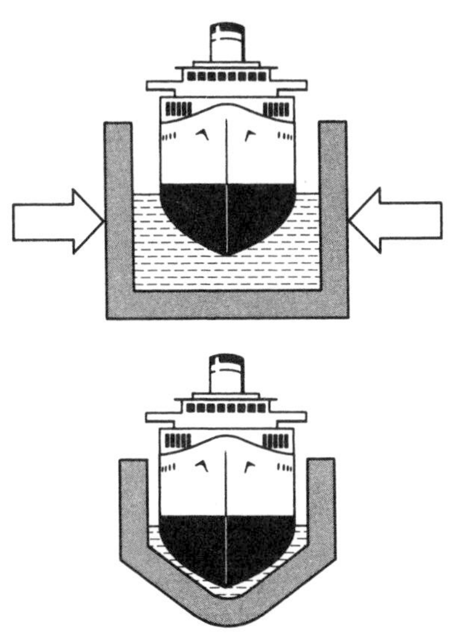

當船在快抽乾的船塢裡時，船塢愈來愈窄，水會被抽離。下面的水最少要有多深，才能支持一艘兩噸重的船？

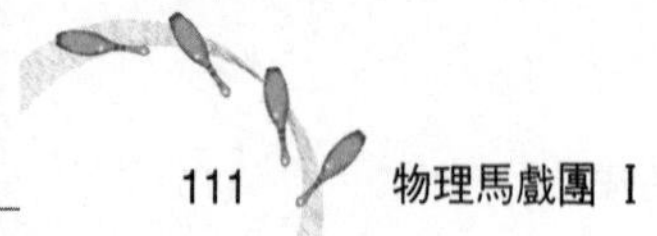

Answer

2.9

水可以持續地移除，直到船和船塢壁之間的空隙只剩1公分或更少。由船產生的流體靜壓力（hydrostatic pressure），和船下或船旁水的多寡無關。當然若「水膜」眞的很薄，水會因毛細作用而爬上牆壁。

2.10 潛艇穩定性

浮力 帕斯卡定律

潛艇如何升降？如何在水中維持固定深度？在潛艇的活動範圍內，水的密度變化會不會使潛艇不穩定？當然針對密度的改變也可以做些小調整，但這種調整並不實際。此外，若潛水艇的目的是避免被人偵測到而必須保持靜默的話，當然不能一直去調整它。

很幸運的是，在海裡的許多深度範圍中，雖然密度有些擾動，卻不會影響潛艇的穩定。這些被稱爲斜溫層（thermocline）的區域有什麼特別？

2.11 浮棒的方向

浮力 阿基米德定律

一條長方棒是以矩形面或兩面夾角的方向浮在水面上？就算你直覺地想到答案，不妨試試將幾個方形棒放入不同的液體裡。然後根據棒子和液體的相對密度差別來分類歸納。看看你的直覺是否正確？

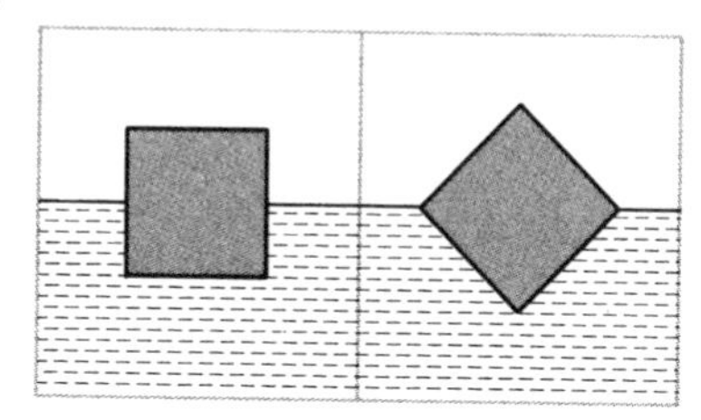

Answer

2.10

潛水艇可以吸進海水，使質量增加而下沉。也可以利用壓縮空氣將水排出，減少質量而上升。爲了使潛艇在下沈時能保持穩定，海水的密度必須隨著深度而增加。如果潛艇稍微往上移動，向下的淨力會使它回到原來的深度；若向下移動，則會有一股向上的淨力。海水的密度和水溫成反比，而和鹽度成正比，而水溫和鹽度都隨著水深而減少。在25到200公尺的深度內，有幾個水層，其中的水溫會隨深度迅速下降，如此導致的海水密度增加量，足夠抵消因鹽度減少而導致的海水密度降低，海水密度仍隨深度而增加，使潛艇有足夠的穩定性。

2.11

若棒子的密度和液體密度的比值接近1或0，棒子就像第一個圖那樣浮著，成穩定平衡。若密度的比值介於兩者之間，則棒子的矩形面和液體平面成45°，也是穩定平衡。不管什麼情形，漂浮方向取決於整個系統處於最低位能的穩定平衡狀態。

2.12　魚的浮沉　　浮力　阿基米德定律

魚的浮沉和潛艇一樣嗎？牠們是否以壓縮和擴張氣囊來改變深度？這是個常用的解釋，但它是錯的，因爲魚根本沒有控制氣囊的肌肉。那麼，牠們是怎麼做的？

雖然在深度劇烈改變的情況下，魚會死亡（在拖網拉上水面時，一些深海魚類，如鱈魚，大半已經死亡），牠們卻可活在深海裡。例如在15,000英尺的深海裡，水壓每平方英寸可達7,000磅，仍有魚在那樣的深度中生活。牠們怎麼禁得起這樣的壓力？

2.13　浮屍　　空氣壓力

爲什麼溺水的人一開始會沉下去，幾天後才又浮起來？

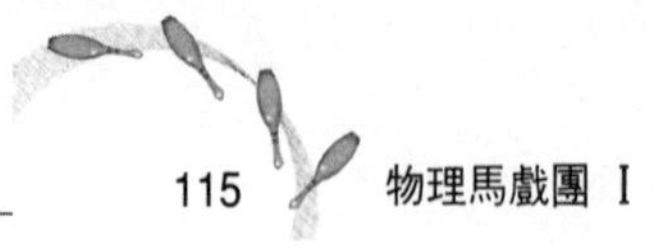

Answer

2.12

魚兒是靠鰾得到適當的浮力，使牠不會浮在水面上或沉到水底去。假設一條魚向海底游去，增加的水壓會使它體內的空腔受到壓縮，似乎魚的體積會變小，浮力也跟著減少，牠必須持續游動，才不至於一直往下沉。事實上，魚會釋放氣體進入魚鰾，使它的體積大致保持一定。所以，儘管壓力增加，魚還是會保持相同的體積，也有相同的浮力。當魚兒要向水面游時，牠會把一些氣體再吸收掉，又保持了相同的浮力。

2.13

屍體腐爛產生的氣體會使他浮上來。

2.14　倒置水杯

空氣壓力　表面張力

一個玻璃杯裝水，用一張紙板蓋在上面，然後把杯子倒置（杯子還不一定要裝滿水）。現在把手放開，紙板並不會掉下來，因此水也不會流出來，爲什麼？
再用一根長玻璃管（大約60公分長，直徑約3或4公分）試試，當然玻璃管的另一端是密封的。當玻璃管倒置之後，紙片是否能固定，與管內有多少水關係很大，但你可能猜不著。若管內的水幾乎是滿的或幾乎是空的，它就很穩定，紙片也不會掉下來。但若只裝一半水，則每次倒置水都會流出來，爲什麼？

2.15　倒置玻璃杯的穩定性

重力波　瑞立－泰勒不穩定

在上個問題中，若在玻璃杯倒置時卡紙突然消失，水爲什麼會流出來？當然，我知道是因爲重力，但它是怎麼開始的？水表面在開始時不是穩定的嗎？讓它對抗重力，保持不下落的，不也正是相同的力量嗎？一旦你知道水爲何開始下落時，你能計算一下水要多久才會流光嗎？

Answer

2.14

有兩種力使紙板固定：大氣壓力和表面張力。當玻璃杯倒過來時，水柱會稍稍下降，使杯子裡的空氣壓力比外面的空氣壓力低。水柱上面和下面的壓力差，使它能支持自己的重量而不掉下來。另外一些力是來自水和紙板以及水和玻璃之間的表面張力。

2.15

這種結構非常不穩定，水表面的任何輕微擾動或波紋都會迅速地擴大。開始時可能會有微小的氣泡形成且上升，水也就沿著管壁下落。氣泡上升的速率，同時也是水落下的速度，和重力加速度（9.8 m/s^2）的平方根有關，也和氣泡上半部的半徑有關。

🕮 瑞立—泰勒不穩定（Rayleigh-Taylor instability），是指當較輕的流體向較重的流體方向流動時，在這兩種不同密度物質的交界面所發生的不穩定性。

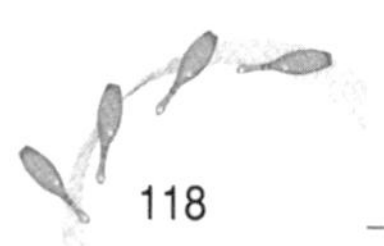

2.16　源源不絕的鹽水噴泉

浮力　穩定性　分子與熱擴散

在熱帶與亞熱帶的海洋裡，表面是較暖的鹽水，而下層海水的溫度與鹽度都比較低。我們似乎可以利用這個特性，做一個源源不絕的噴泉。

伸一根管子到底部，然後把深層的海水抽出來。等水開始流出之後，就把幫浦拿掉，噴泉會自己持續湧出來。什麼力量形成了噴泉？它真的源源不絕嗎？

Answer

2.16

海水的溫度與鹽度都隨水深而減少。當較冷、較淡的海水由底部上升時，會被周圍的水加熱，因此比頂端的鹹海水輕些，所以水流會持續下去。

事實上，即使沒有管子，它也會繼續上湧，因爲上升的水與周圍海水的熱交換，比鹽度的交換快得多。

2.17 鹽水手指

浮力　穩定性　分子與熱擴散

在家裡的廚房中，也能看到類似鹽水噴泉的現象。用一個水族箱，裝一半的冷淡水，然後很小心地將染色過的暖鹽水倒在淡水上（不要弄混），染色的目的是爲了方便觀察。上層的溶液會立刻滲入下層的淡水中，類似一根根手指狀，使整個交界面犬牙交錯。

如果你在鹽水上倒一些糖水，甚至在沒有溫差的情況下，也會發生這種現象（當然，還是利用染料才便於觀察）。是什麼引發這種手指狀的下滲？它們爲什麼很穩定？

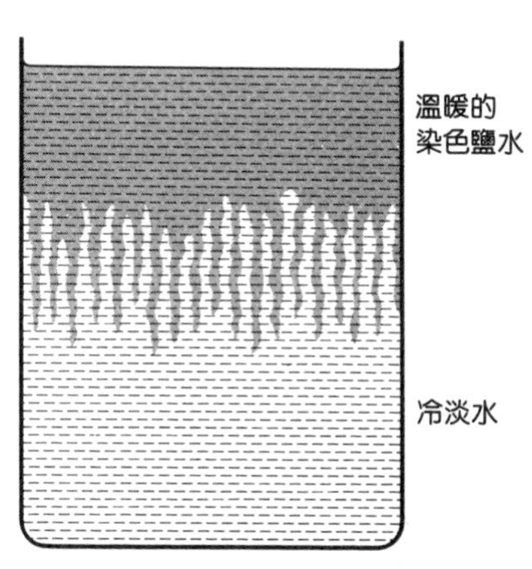

鹽水手指（誇大比例）

Answer

2.17

就和**2.16**的原理一樣，交界面的不穩定性形成手指狀的下滲。

開始時的運動是由小擾動產生的，例如兩界面間的小波動。在下滲的途中，染色過的鹽水逐漸損失熱量，但還是比周圍的清水重些，會繼續下沉。清水最初是由小波動推湧向上，且在被加熱後，變得更輕（比周圍染了色的水輕），這樣的上湧會持續進行下去。

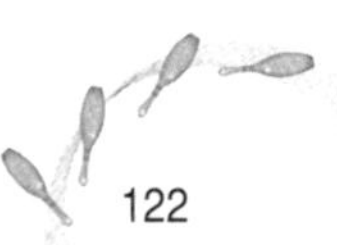

2.18　鹽水振盪　浮力 非線性系統 瑞立不穩定

將一個普通的鐵罐，在底部鑽一個針孔，裡面裝了飽和的鹽水，再把它放入一個盛淡水的容器裡，兩種溶液最後會混合在一起嗎？答案是會的，但過程相當奇怪。兩個溶液是交替地流入對方的容器中。首先是鹽水由小洞向下流，接著是淡水由小洞往上流，依次進行。這種振盪會持續進行，有時可長達 4 天，而每個振盪週期大約是 4 秒鐘。為什麼會有這種溶液互換的振盪？週期又是怎麼決定的？

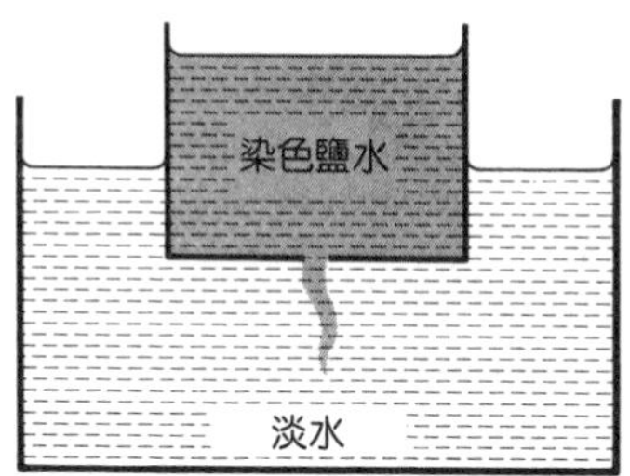

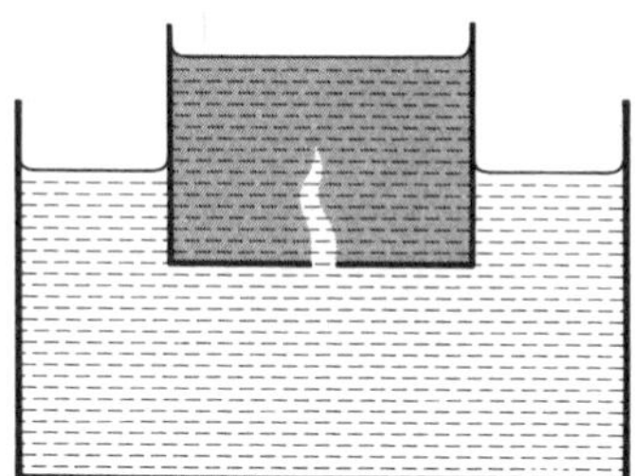

2.19　落下的水流變窄　白努利效應

為什麼由水龍頭穩定流出來的水流會變細？是什麼力使水流像箍緊了一般？你能計算出水流直徑與水龍頭之間距離的變化關係嗎？

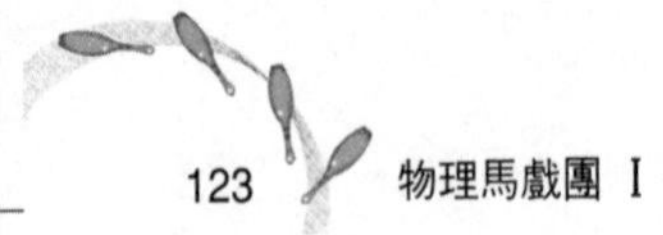

Answer

2.18

鹽水與清水界面之間的情形，就如同**2.15**與**2.17**所說的那種不穩定。

2.19

水流的質量必須守恆，因此整個水流的體積流率（volume flow rate，每秒通過水流橫截面的流體體積）必須保持固定。因爲愈往下，水的流速愈快，在固定體積流率的前題下，它的橫截面面積當然愈來愈小。

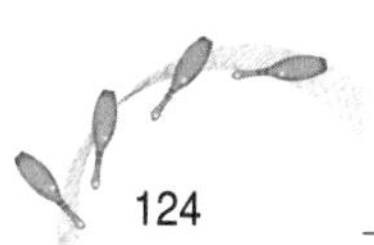

2.20　氣流裡的海灘球　　白努利效應

吸塵器的推銷員爲了吸引顧客，有時會把吸塵器的氣流倒轉，並且在排氣口上方放置一個海灘球。不管氣流的方向怎麼吹，這個海灘球都相當穩定，甚至拍它一下都不一定能把它從氣流裡拍開。它爲什麼這麼穩定？球的自轉是否會有特定的方向呢？

2.21　浮球玩具　　白努利效應

有一種浮球玩具也是利用這個懸浮技巧。如左下圖，你可以利用一旁的小吹管吹氣，讓球平衡地浮在空中。若用力吹口長氣，球會上升進入頂端的管子，然後回到原來的位置。這個玩具的重點是，看你一口氣能讓小球繞幾圈（我的最高紀錄是五圈）。爲什麼球會穩定懸浮？什麼力量讓球進入上方的管子？

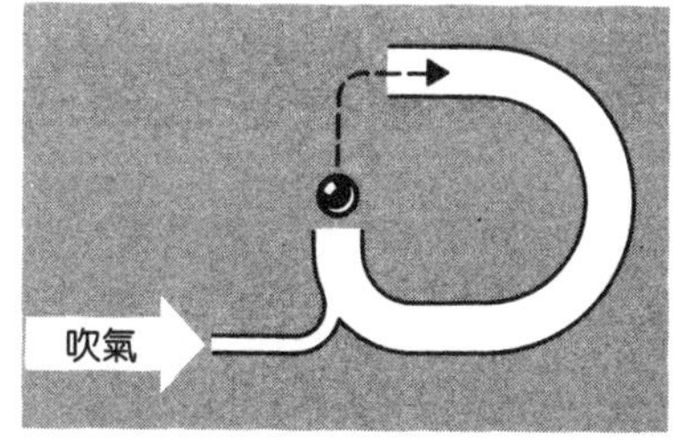

Answer

2.20

球能抗拒地心引力停在空中，是因爲來自排氣管的氣流所造成的壓力差：球下方的壓力大於它上方的壓力。球把流過它上方的大部分氣流都偏轉掉了。偏轉空氣裡的壓力減少，使球的上、下兩端壓力不同（類似的壓力減少情況可參見**2.25**），結果之一就是使球有升力（lift），而另一個結果是氣流在離開球後會向下偏轉。因此球可能被旋轉，使得能讓旋轉的棒球偏轉的馬格奴士效應（Magnus effect，見**2.39**）也產生升力。

有個錯誤答案可能產生，認爲自由氣流的壓力降低，只是因爲空氣在活動，這是誤用白努利原理（Bernoulli principle）的結果。氣流的動能是來自機械的運轉，而非來自空氣壓力的減少。自由氣流裡的壓力，實際上就是大氣壓力。

2.21

球由它底部吹上來的氣流壓力支持，才能懸浮，並依**2.20**所說的原理得到穩定。吹進玩具的氣流把外面的空氣夾帶進管子裡，使空氣由較高的開口流向較低的開口。當球通過較高的開口，它只是被氣流吸入管子裡罷了。

2.22　球在水柱上的平衡

動量傳遞　潤濕

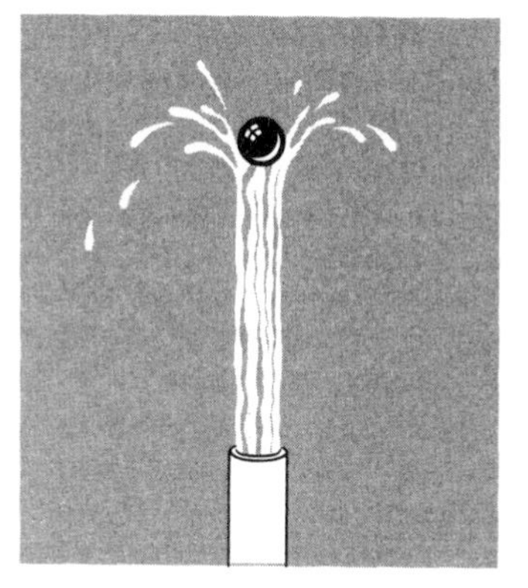

另一個類似的把戲是水柱上的浮球。水柱上的球偶爾會靜止幾秒鐘，但大部分時間它都上下左右的跳動。爲什麼它不會跳出水柱外？什麼力量讓它待在水柱裡？它的物理意義和海灘球問題相同嗎？

老實說，球有時眞的會跳離水柱，但當它掉下來時，又會進入水柱，回到原先的位置。即使外面是眞空狀態也一樣。什麼原因誘使球又回到水柱上端？

2.23　被水拉起來的蛋

動量傳遞　潤濕

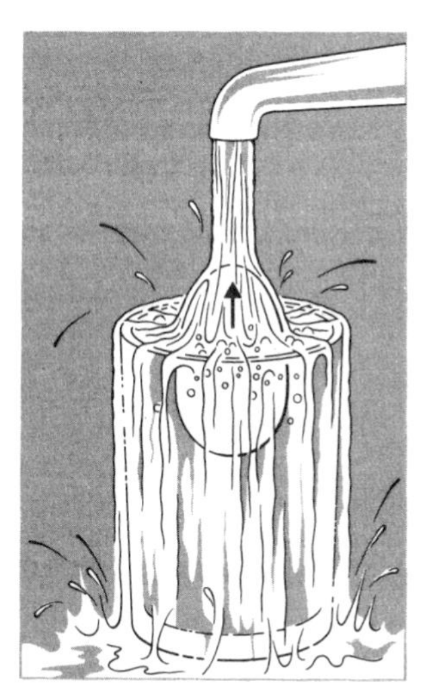

在玻璃杯裡放個蛋，然後放在水龍頭底下沖。當水流速超過某個臨界值以後，蛋會升起來，好像被水龍頭的水吸起來似的。爲什麼？是什麼因素決定臨界流速？

Answer

2.22

水的衝擊力支撐住球，並提供了必要的穩定性。大半時間球是偏離中心的，水的衝擊力使它依某個方向旋轉。一部分的水會黏附在球表面上，隨球轉個半圈，然後被拋出去。當水離開球面時，會把球向後推（換句話說，給球一個作用力），因此使球仍留在水柱上。甚至在球離開水柱時，有些水在下半圈旋轉時會被拋出，把球推回水柱裡。

📖 若想了解其他的懸浮特性，請參考第Ⅲ冊**5.103**，只是以光子（photon）代替空氣或水。

2.23

顯然除了一般性的說明之外，對這個問題還沒有什麼公開的文獻討論。為什麼不做些實驗！鄰近蛋的上方與下方，壓力是多少？亂流和它有關係嗎？假設有個可以在靜水中浮起來的蛋，在狹窄的水平水流裡，這個蛋會逆流移動嗎？

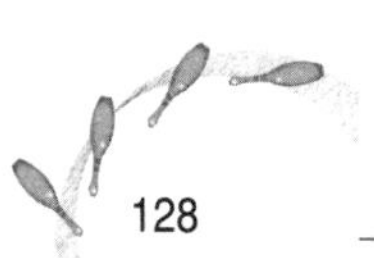

2.24　龍頭水流裡的湯匙

動量傳遞　潤濕

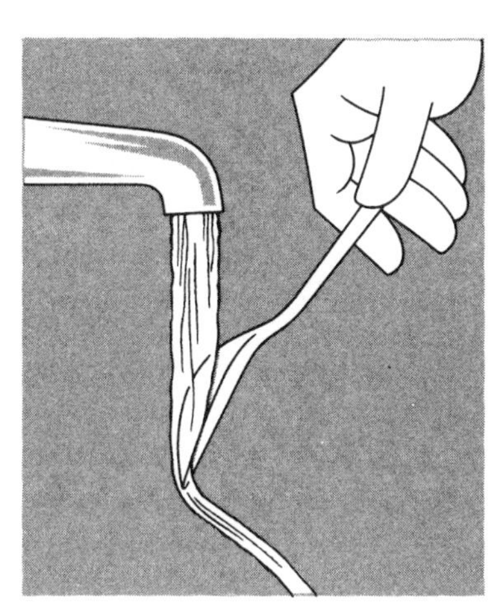

如果你像右圖那樣握住一枝輕湯匙，並把圓的那面向著水流，則湯匙看起來像是被水流黏住似的。你可以試著拉遠湯匙，讓它和水流間夾有較大的角度，但湯匙似乎拒絕離開水流。

水流不是應該要把輕湯匙沖開嗎？怎麼反而會吸住它？這是怎麼回事？

2.25　火車會車

動量傳遞

高速火車在會車時一定要減速，否則車窗會破裂，爲什麼？車窗會拉近車裡或向外推開？若火車並列前進，也會發生這種事嗎？若你站在高速火車旁，當車通過時你會被拉向火車？或被推開？或者都有可能？

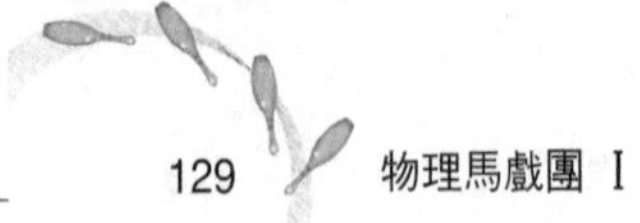

Answer

2.24

湯匙邊緣的水層產生了一個細小漩渦使壓力降低，而湯匙另一邊的大氣壓和水流這邊的低壓，使湯匙靠近水流（這個現象稱爲康達效應，Coanda effect），而調整湯匙產生的結果，則是由於所謂的「茶壺」效應（teapot effect，請參考 **2.118**）。

2.25

高速火車的前方會產生一個高壓脈衝，而在後方產生一個低壓區域。當火車通過時，兩車之間的低壓區會把窗戶向外吸。

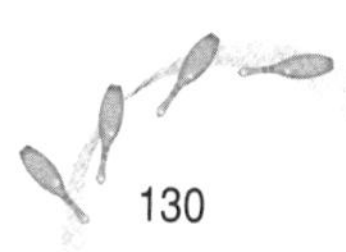

2.26 管式噴水槍

動量傳遞　潤濕

若你將一根短管放進水裡，並在開口端上方吹氣，管子裡的水會上升。如果用力吹，可以弄得你對面的朋友一身是水。這種水霧有更實際的用途：吹過窄管上的加壓空氣，可以把容器裡的液體均勻噴灑出去。這種噴水槍是如何運作的？

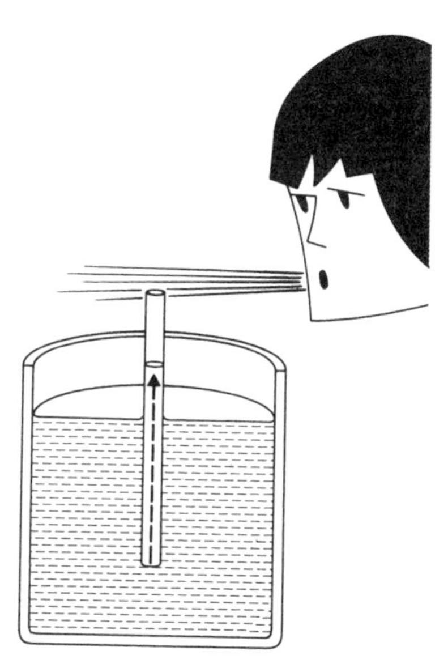

Answer

2.26

通過管口的空氣流使氣壓降低，而管子外的水面承受著大氣壓力，因此壓力差使管內的水上升。眞正的問題是：爲什麼氣流會使氣壓降低？一個錯誤的答案是認爲自由氣流會造成壓力降低。但如**2.20**所討論的，自由氣流的壓力就等於大氣壓力，因此，氣流會使壓力降低是由於氣流受到管子影響而發生偏轉的。

有兩個因素應該考慮到。有些空氣被迫上升，越過管子的頂端。鄰近管子的空氣遇到偏轉的氣流後，會移動得比較快，因此造成壓力降低。若氣流是亂流（這是非常可能的），會在管子的上方形成旋渦，也會減低那裡的壓力。這兩個因素都使管子上方的氣壓降低。

2.27　旗幟飄揚

旋渦成形

爲什麼風會使旗幟飄揚？即使很均勻的風也不例外。飄揚的頻率如何決定？

2.28　通風孔頂端與土撥鼠洞

動量傳遞

爲什麼外緣呈錐形的通風系統排氣孔，通風的效果會好些？

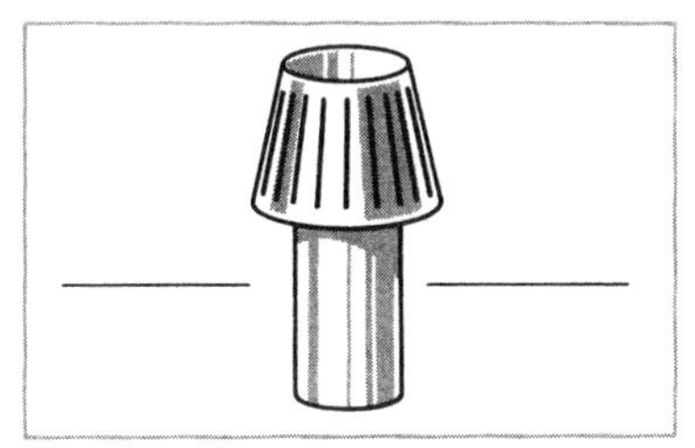

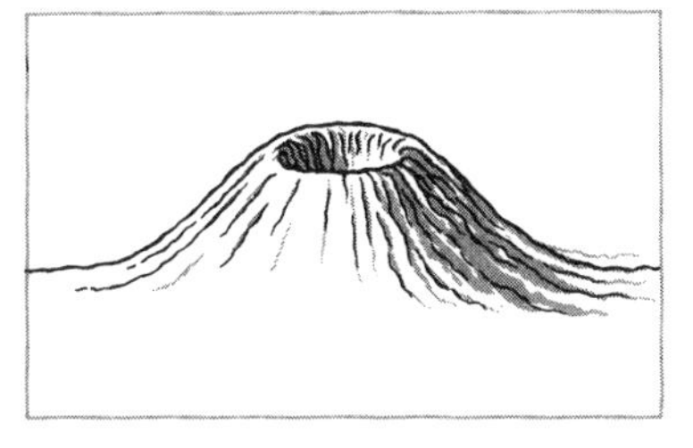

同樣的，爲什麼呈火山錐狀的土撥鼠洞口，洞裡的通風狀態比較好？

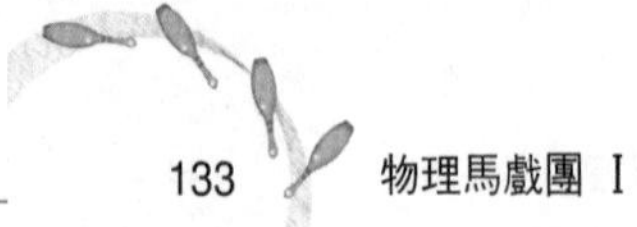

Answer

2.27

假設旗子在強風中完美地平整伸展開來。之後先有一個微小的擾動在旗子的一側產生了，並強迫空氣有一點點往外，以便越過這個小漣漪。當氣流越過擾動區時必定會加速，而較快的空氣氣壓較小。當旗子兩側的空氣壓力不同時便會加大擾動區：越過擾動區的空氣壓力減少，而旗子另一面的空氣壓力是正常的。另外，擾動也會順著風向沿旗子面滑過去，旗子也因此飄揚起來。

2.28

當空氣被迫上升越過這些結構時，結構上方的空氣壓力會降低（見**2.26**），因此通風管裡或土撥鼠洞裡的空氣就被拉引出來。

2.29　汽車擋風玻璃上的蟲屍　壓力

疾馳汽車的擋風玻璃上的蟲屍是直接撞上擋風玻璃的嗎？還是牠們先被空氣壓扁，再濺上擋風玻璃？

若是後者，那是什麼壓扁了蟲子？

你或許會歸咎於擾流加上蟲子的歹運，但眞的有這麼大的擾流嗎？爲什麼強有力的偏折氣流，不能安全的帶蟲子繞過汽車呢？

（右圖是一個避免被蟲子侵擾的方法，John Hart 繪）

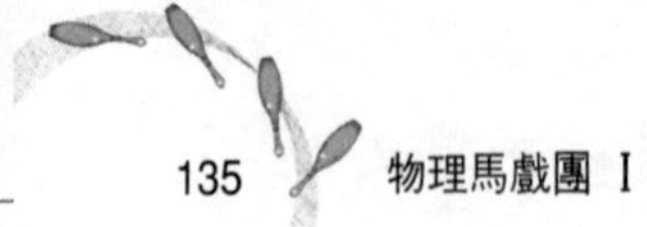

Answer

2.29

由前方翻過車頂並上升的空氣，加速度非常大，力量足以把昆蟲壓碎在擋風玻璃上。

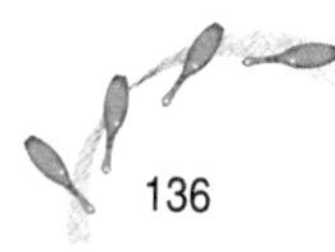

2.30　賽車的擾流板

白努利效應　動量傳遞

這些年來，賽車有許多改變，有些改變是很容易了解的，但有些卻很複雜。而發展最多的是加在車尾、水平狀的擾流板。帶有這種擾流板的車進入彎道時，駕駛可以把擾流板向前傾斜，等離開彎道之後再調回水平位置。這種擾流板和它的調整功能，使賽車在彎道裡的貼地性大增，因此可以加速通過彎道。要不是由於擾流板破裂，會使車子失去方向控制，這種可以移動的擾流板一定會沿用至今，而爲了安全起見，參賽者只得把擾流板固定。不管是移動式或固定式，擾流板怎麼會增加汽車的貼地性能？

最奇怪的一款賽車是「Chaparral 2J」，這是霍爾（Jim Hall）設計的，他也是使用移動式擾流板的先驅者之一。Chaparral 2J 車後有兩大片扇形物，設計來拉住汽車底下的空氣，空氣要通過風扇結構才能跑出去。車子底部兩旁有裙狀物緊貼路面，因此車底下形成一個空氣隧道。由於增加了牽引力（traction），霍爾再一次加快了車子的速度。但他是怎麼辦到的？爲什麼車底的空氣隧道及車後的結構物會增加摩擦力？你能否估算出增加的牽引力與車速？

Answer

2.30

翼片向下傾斜，使汽車有一股向下的壓力，因此車胎和路面的牽引力會增加。牽引力加大，汽車可以轉彎得快些。翼片產生的氣體動力和飛機的翅膀類似（見**2.31**），只不過賽車是向下，而飛機是向上。

裝在車後的風扇也得到類似的向下壓力，增加了車子的牽引力。被迫通過車子底下的空氣，由於進入了限定的入口，速度會加快。根據白努利原理，快速度時的空氣壓力較小。因此車頂上的壓力比車底大，車子就愈向下往路面壓，車子的重量可有效地增加約50％。

2.31 飛機與升力

白努利效應　動量傳遞

「飛機是如何得到使它上升的力？」這是個標準的物理問題，而標準答案牽涉到白努利原理，但這是唯一或主要的因素嗎？

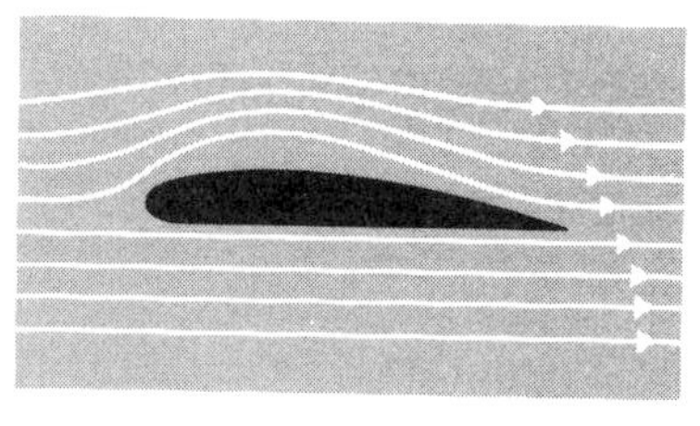

如果機翼的形狀是為了產生白努利效應，像左圖那樣，那飛機要怎樣向下飛？

標準證明的關鍵重點是，機翼上的空氣移動得比機翼下的空氣快，因此依白努利原理，機翼下的空氣壓力比較大，會產生升力。

為什麼機翼上的空氣走得比較快？一般的說法是，流經機翼上、下兩方的空氣用同樣的時間通過機翼。而上方空氣走的距離較長，因此速度稍快。一般的說明通常就到此為止。但為什麼機翼上、下的空氣必須在相同時間通過機翼？這點很少人解釋。事實上，上、下氣流所需的運動時間「並不相同」。要是如此，機翼的升力是怎麼來的？

Answer

2.31

通過機翼上方的空氣，移動得比下方快。因此機翼上方的壓力比下方小，就產生一股向上的淨力。

至於白努利原理能否用在這樣升力的計算一直不很明確。這個原理是描述空氣流體中，沿著流線的能量守恆情況（在這裡指的是空氣壓力與動能）。然而在機翼周圍的氣流，都會受到機翼的附著與摩擦黏滯的影響，這樣看來，不應該運用白努利原理。但假若這些附著與黏滯，是兩種不同型式的氣流重疊所造成的，即環流（circulation，機翼下方的氣流往前，而機翼上方的氣流向後）與通過機翼的無旋流（irrotational flow），則白努利原理仍然是適用的。依據庫塔（Kutta）與焦可斯基（Joukowsky）對升力的研究，這種氣流重疊是存在的。機翼上方，環流和無旋流的速度相加，因此空氣的流速較快。而機翼下方，兩股氣流的方向相反，因此空氣的流速降低。依照白努利原理，機翼上方的壓力會比下方小，機翼就產生升力。因此，白努利原理應用在機翼的升力問題上，是有些絕妙的。

在庫塔—焦可斯基理論中，機翼實際的升力是決定於重疊之後偏轉氣流的動量改變。根據牛頓定律，氣流向下偏轉所需要的力，和機翼得到的升力相等。有些參考文獻對機翼升力的描述是錯的，因此它們畫出氣流離開機翼的方向與原來的方向相同。

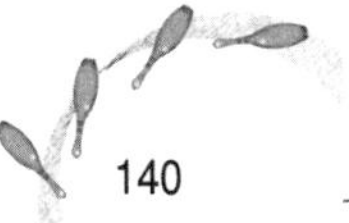

?

Velocity!
$V=\sqrt{\frac{2mg}{C_D \rho A}}$

Lift!
$L=C_L \frac{\rho}{2} V^2 A$

S. Harris

2.32 拉起俯衝的飛機

白努利效應 動量傳遞

假設有個飛機失速向下俯衝。駕駛員必須等到飛機加速到一定的速度，即超過他一般巡航飛行的速度時才能拉起機頭，爲什麼？

2.33 航向風裡

白努利效應 動量傳遞

帆船順風而行，或與風向夾有某個角度的情況，並不難了解，只要這個角度不太大。但是帆船不但能與風向成90°垂直前進，甚至能以45° 的角度航行在風裡。在這種情形下，風向顯然和船行的方向衝突，對不對？這時候是什麼力量推船前進？如果不管水流的方向，船與風向該夾什麼角度，船才可以走得最快？

2.34　飛盤　　白努利效應　動量傳遞

是什麼讓飛盤飛得又高又遠？它一定要旋轉嗎？顯然，飛盤不一定是個盤子，有些環狀結構的飛「盤」也飛得很好。

2.35　高爾夫球的空中自轉　　白努利效應　動量傳遞

爲了要打得更遠，有些高爾夫球手會讓他們的球兒向上旋轉，因此當球擊中地面時，會再往前滾。考慮一下球的行進軌道，這眞的是個好主意嗎？

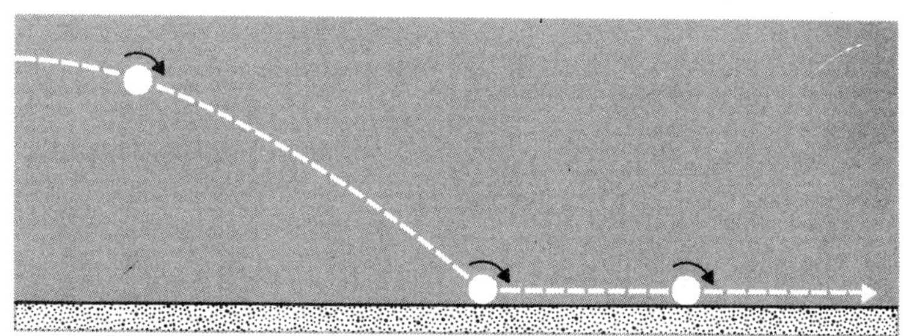

Answer

2.32

當飛機駕駛企圖拉起俯衝的飛機時，飛機的有效重量會增加，乃因向上轉彎時的向心加速度。而在俯衝時，機翼上的升力本來就不夠，現在有效重量增加，需要更大的升力。為了得到更大的升力，飛機的速度須比正常時更快。

2.33

風在帆的凸面上產生一個「水平升力」（見**2.31**）。這個力是最有效的，若船航行的方向與風向垂直，會使船得到最大的速度。

2.34

飛盤在空中前進時，通常是前緣朝上，使它像機翼那樣得到升力（見**2.31**）。除此之外，它不停地旋轉，使方向得到穩定，就像迴轉儀藉自身旋轉得到穩定一樣。

2.35

當高爾夫球向下方旋轉時會得到一些升力，如同旋轉的棒球會偏轉一樣（見**2.39**）。

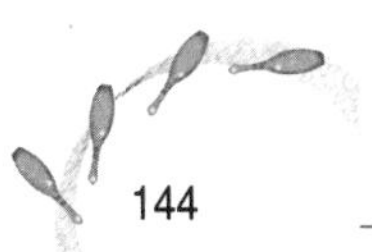

2.36 人力飛行

白努利效應 動量傳遞

人能夠以自己的力量飛行嗎？這是個老問題，但至今仍被人津津樂道。目前所設計的人力飛行器似乎已接近做出實際模型的階段。

設計這種飛行器時遇到一些問題如：人能產生多少動力？飛行需要多少功率？翼要有多大？應該要拍動嗎？如果你離地面很近，升力會增加嗎？

Answer

2.36

關於人力飛行有兩種嘗試：一種是製造利用人力可以驅動的飛機；另外有些人（不知算聰明或愚笨）則嘗試在手臂上裝上翅膀，再由高處跳下來，同時舞動翅膀（就像電影「鳥人」一樣）。後面這項嘗試從未成功地超過10或20英尺的距離，跌下來的慘狀也很難讓人忘懷。相反的，製造更輕的飛行器具，利用一個人或兩個人的力量來推進使它升高，似乎很有希望成功。

第一架這種飛機出現在1961年，飛了大約50碼。從那時開始，有許多不同的設計出現，例如翼長由60至120英尺都有。這些設計的主要考量，是減低飛機升空所需要的功率。至目前爲止，就算一個運動選手，也不可能驅動飛機超過100碼。

但一些翼長50英尺且形狀特殊的運動用飛機，若也能運用風及空氣的熱氣流，則有可能實現人力飛行的理想。這種飛機需要一、兩人用人力推到足夠的高度，然後有點像滑翔翼一樣飛行（見**2.99**）。

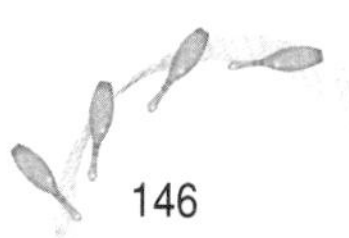

2.37　弗萊特納的怪船

白努利效應　動量傳遞

在1925年，有艘很奇怪的船橫渡大西洋，它由兩根巨大的垂直圓柱旋轉推進。這種旋轉圓柱如何推進船舶？

在現代的應用裡，美國航太總署（NASA）以相同的原理，在飛機的機翼上裝上水平旋轉圓柱。這種圓柱如何提供飛機所需的升力？

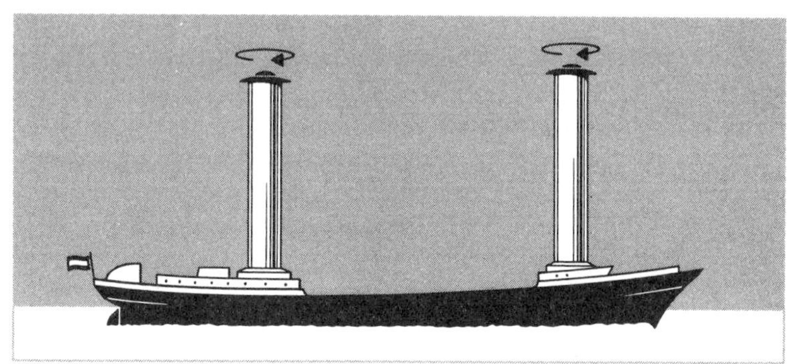

Answer

2.37

通過的風會把圓柱向側方推，道理就像旋轉的棒球會偏轉一樣，可參考**2.39**。適當地掌舵船隻的方向，便可讓船前進。

📖 弗萊特納（Anton Flettner, 1885-1961），德國人，發明轉子船（rotor ship），也就是這種利用兩根圓柱旋轉前進的船。他另外還發明了弗萊特納航海舵（Flettner marine rudder）。1926年，弗萊特納於柏林成立一家飛機公司，生產Flettner F1 282和多種直升機，於二次大戰期間給德國空軍使用。戰後他到了美國，指導美國陸軍關於直升機的研究。

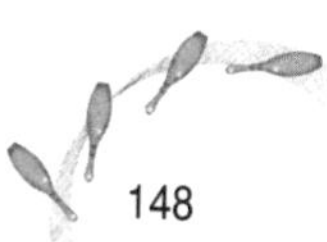

2.38 穿過建築物的風

白努利效應　動量傳遞

現代大樓有一種設計，就是整棟大樓像是跨座在兩堵牆上，把整個一樓空出來。這種設計雖然迷人，但對一個受風地區來說，卻很不方便。例如當春風吹進美國麻省理工學院（MIT）時，在一棟這種大樓的底部，曾測到過時速100英里的強風，當然是校園裡風最強勁的地方。（很多學生和剛來的教職員都被刮得東倒西歪，只有待得久的教授挺得住！）

爲什麼風速在這種情況下會特別強？

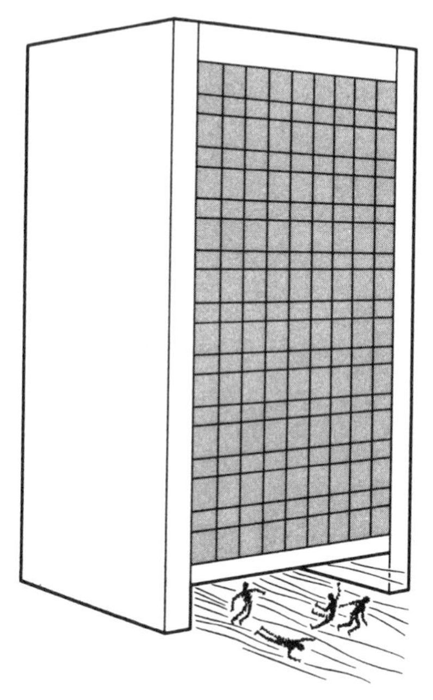

Answer

2.38

有些吹到建築物的風會被迫通過一樓的開口，因此風必須加速通過才行。

2.39　曲球、下墜球和彈指球

白努利效應　動量傳遞

棒球投手眞的能投出曲球、下墜球和彈指球嗎？如果能，請解釋一下每種球該怎麼投。

曲球的彎曲是連續的或是突然的？下墜球是忽然下墜嗎？而彈指球眞的如打擊手所說的飄忽不定嗎？一個大聯盟的投手所投出的曲球，在到達本壘板時，和直線的偏差有多大？

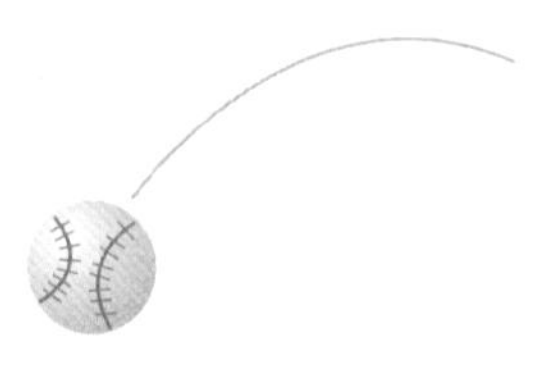

2.40　光滑球體的曲球

白努利效應　動量傳遞

光滑球體不像棒球，棒球表面粗糙，可「抓住」空氣，因此光滑的球應該投不出曲球。雖然如此，你還是能用光滑的球投出曲球，只是它彎曲的方向正好和棒球相反。爲什麼？

Answer

2.39

丟出對垂直軸旋轉的棒球稱爲曲球。通過棒球的空氣會給球一個水平的力（稱爲馬格努斯效應），使球側偏。作用在球上的力是由於壓力的不同：逆風旋轉面的壓力比順風旋轉面大。

白努利原理的應用，對這樣的情況來說很困難，類似於 **2.31** 中飛機升力的情形一樣。當空氣通過旋轉的棒球時，會受到球的附著與黏滯的影響，因此白努利原理應該是用不上的。球在逆風旋轉的那一面，氣流的動能降低、速度變慢，而順風旋轉面的氣流動能增加、速度變快。但若考慮整體情況，其實是兩種氣流的疊加：一種是通過棒球的無旋流，另一種是相當於環繞著棒球的環流，而空氣的附著與黏滯效應，只是氣流重疊的結果，這時就可以應用白努利原理。在球的一側，無旋流與環流相加，氣流的速度變快。另一側兩個氣流方向相反，所以速度變慢。現在白努利原理就可以應用了（我們不必再將外力作用考慮進去），有一面的空氣壓力會小於另一面，壓力差則使球側偏。

就像機翼的升力一樣（**2.31**），實際的偏轉力（水平升力）可依庫塔—焦可斯基理論來計算。有些書在解釋球的偏移時，提到球的偏轉力，但卻沒有提到氣流方向的偏轉，其實是錯誤的。

Answer

2.40

一個表面光滑、慢速旋轉且慢速移動的球，能產生相反的效果。在某些情況下，順風旋轉的那面氣流可以保持層流（平滑氣流）的狀態，但另一面卻是亂流狀態。亂流區的壓力比另一面小，球偏轉的方向便與**2.39**的情況相反。同時，離開球的氣流也向相反方向偏轉。

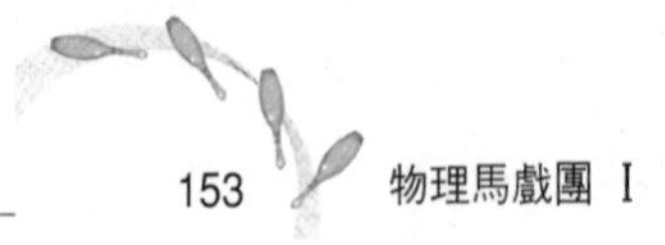

2.41 水面波紋

波的能量

吹過水面並不規則的陣風，怎能激起規律的波紋？風拉過水面的力比垂直的擾動更重要嗎？要維持波紋，在風速上有最低的要求嗎？水波會對氣流產生回饋作用，進一步激起波紋嗎？

2.42 鬼浪

波的干涉

常有故事提到一艘在海上航行的船，突然碰上一股濤天巨浪。例如1956年，有位貨輪船長曾在美國哈特拉斯角（Cape Hatteras）外海，親見100英尺的巨浪。另外在1921年，有報告記載北太平洋也出現過80英尺的巨浪。而1933年，美國潛艇雷馬波（Ramapo）在北太平洋碰上一股鬼浪，估計有112英尺高。想像一下自己站在一座橋上，而迎面來了一波112英尺的巨浪，是怎樣一幅畫面！

爲什麼這種巨浪來無影、去無蹤？若它是因暴風雨造成的，應該不會只有一波才對。它會是海底地震突然造成的嗎？（這種地震波能由海上的船來測量嗎？）

2.43 稜波

非線性波　干涉

法拉第（Michael Faraday, 1791 － 1867）在觀察水波時，發現若將一塊淺淺浸在水盆裡的板子水平振盪的話，會產生非常奇怪的波形（右圖）。如果不管水盆邊緣的反射波，我本來以爲只會有很普通的平面波。

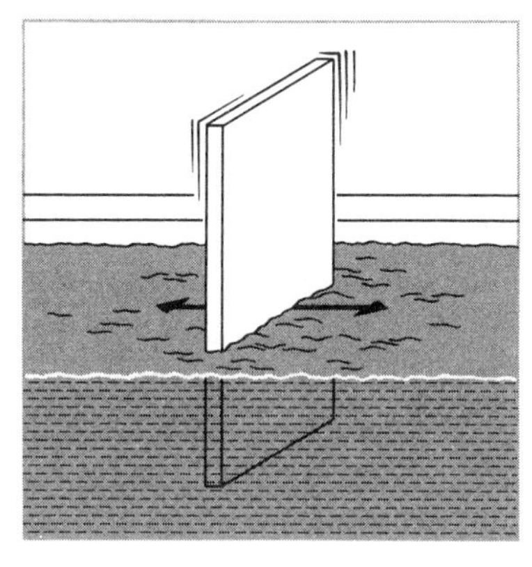

但是當振盪板浸水 1/6 英寸左右時，他看見：

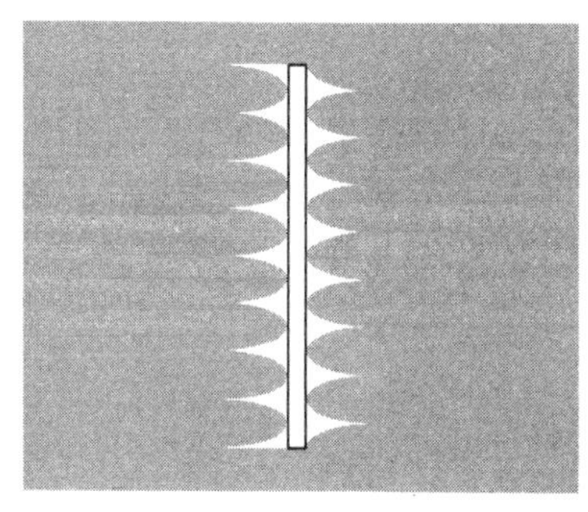

「一些很奇特的水波立刻出現。板子邊緣到水盆邊之間的水面上幾乎看不到什麼波紋，但另有一種很明顯的固定波紋出現，由板子的邊緣放射出來，長約 1/2 到 1/3 英寸，很像製作粗糙梳子的短梳齒。」

法拉第也注意到，這種怪波的頻率是振盪頻率的一半。爲什麼振動不停的板子會產生與其垂直的駐波？

Answer

2.41

首先，風的垂直力量會引發小振幅的水波。當空氣通過這些小波時，在波峰處會被迫稍微上升，在波谷的地方又降下來。在波峰處的空氣流速稍快，因此壓力低些，而波谷位置的情況正好相反，壓力高些。若是理想氣體，風的能量不會傳給水波，水波的振幅也不會增加。若是非理想流體，空氣會在波谷的底部反向旋轉，因此高壓的位置會轉移到靠近下一個波峰處。因此壓力的變化不再和水波完全同步，會有一部分能量由空氣傳遞給水，水波逐漸增高。

2.42

鬼浪是許多海浪在偶然間同相（in phase）相遇形成的，並不是一個橫行海洋的巨浪。事實上，當組合成鬼浪的不同海浪以各自的方向和微小的相異速度繼續前進時，鬼浪很快就消失了。

2.43

顯然對這種特殊的稜波（edge wave）還沒有什麼公開的基本解釋。但有些文獻提到，它們主要可能是由振盪器附近的非傳播振盪（nonpropagating oscillation）造成的，而不是來自通過水盆的傳播波。

2.44 波光

波速 光散射

海洋或其他的水體爲什麼在波峰處會有白色的泡沫，又爲什麼是白色的？在有微風的情況下，這些粼粼波光會接續出現，彼此間隔幾秒鐘，爲什麼？

2.45 船速和水上快艇

尾流 白努利效應

船、鴨子或任何比昆蟲大的東西，在水上的速率受什麼限制？如果限制因素是來自水的摩擦力，那爲什麼較長的船常有較快的最大速率？較長的船摩擦力不是更大嗎？應該會更慢才對呀！

爲什麼快艇比同樣大小的船快很多？如你所知道的，快艇的一部分船底會離開水面。它是怎麼抬起來的？怎麼能夠跑這麼快？

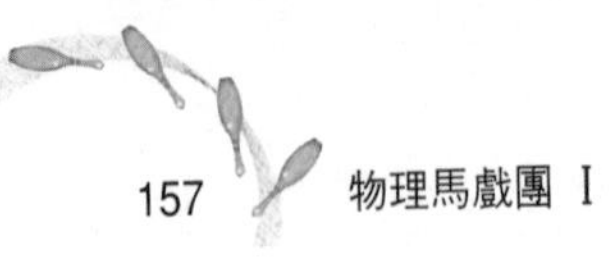

Answer

2.44

風速大於5m/s左右時，會使水面產生亂流，亂流又會產生氣泡，大量的這些氣泡被稱爲白浪（whitecap）。海浪的「群速度」大約是「相速度」的一半，這個意思是說，在一群海浪後面的個別海浪，速度大約是整群海浪的兩倍，它會很快超到這群海浪前面並消失掉。最大的高度出現在浪群的中央，因此，每個波浪會依次經過振幅最大的位置。若浪高超過某個臨界值，波浪就會破碎形成泡沫，但只有在個別波浪正好通過浪群的中央時，才會發生。因此，白浪花會在順風方向規律地依序出現。

2.45

走得很慢的船會產生波長很短的弓形波，在任何時候，都會有一些這種波從船首沿著船的行跡前進。當船走得愈快，弓型波的波長會增加，直到最後等於船身的長度爲止。這時弓形波和船尾波會互相增強，船實際上是陷在兩個波峰之間，一個是弓形波，另一個是船尾波。此後速度要再加快時，來自於水波的阻力會顯著增加，船需要的動力會多很多。水上快艇沒有這個問題，因爲船體抬出水面，而它的支承（support）卻伸進水裡，其功能有點像飛機的機翼。通過支承的水流受到偏轉，給支承足夠的升力（見**2.31**）。一旦有了這種升力，船在水裡前進就像飛機在空中飛的道理一樣。

2.46　鼓甲蟲的波

重力波及毛細波

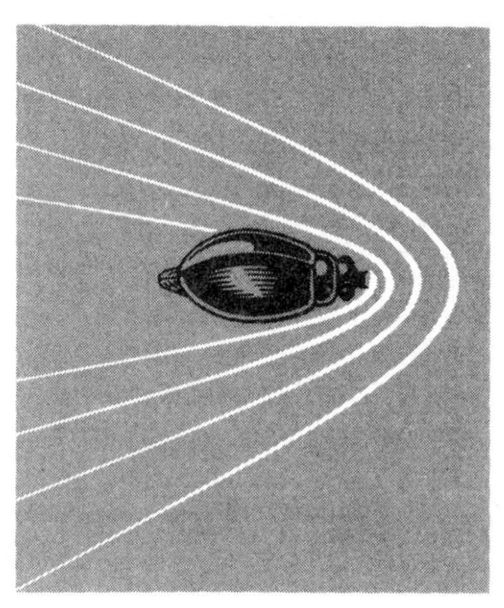

當鼓甲蟲快速掠過水面時，牠的前方有明顯的水波，而後面卻看不到什麼波紋，或根本沒有，爲什麼？若鼓甲蟲是慢速地掠過水面，則不論是鼓甲蟲的前面或後面，都看不見水波，這又是爲什麼？船可不是這樣，總是會在船尾留下波浪。爲什麼掠過水面的甲蟲這麼不同？

相似的不對稱波形也出現在水流中的小障礙物附近：面對上游的波長比面對下游的短得多。爲什麼會有這種不對稱，兩邊的波長是怎麼決定的？

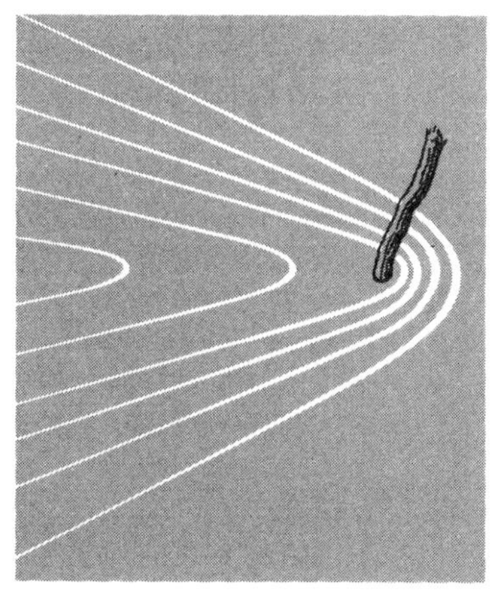

Answer

2.46

水波有兩種，毛細波和重力波，前者主要靠表面張力，後者則和重力有關。波長較長的水波屬於第二類，而第一類水波的波長較短，這兩種波的行進速率都不會低於0.23m/s。如果鼓甲蟲的飛掠速度小於此，則沒有波紋產生；若是飛掠得很快，兩種形態的波皆會出現。

毛細波的群速度比水波快，因此它們跑在甲蟲前面。重力波的群速度比水波慢，因此落在昆蟲後面。只有甲蟲的毛細波是顯著的，至於重力波，則要很仔細才看得見。

2.47　船波

干涉　散播

如果你有機會飛到上空，看一艘船在深水域前進，請注意一下它尾部的水波的形態。船尾的擾動區總是呈V字形，展開的角度也相同（38° 56'）。就像一位作家所描述的，「不管游動的是隻鴨子或一艘軍艦」，V字形就是會出現，爲什麼？

在擾動區內，波紋更複雜（如下圖）。你能解釋出現這兩種波的原因嗎？對於鴨子或軍艦，也有相同的情形嗎？

在淺水域，波形又會有什麼變化？首先，你能說明「淺水」是什麼意思嗎？跟什麼比才算淺呢？

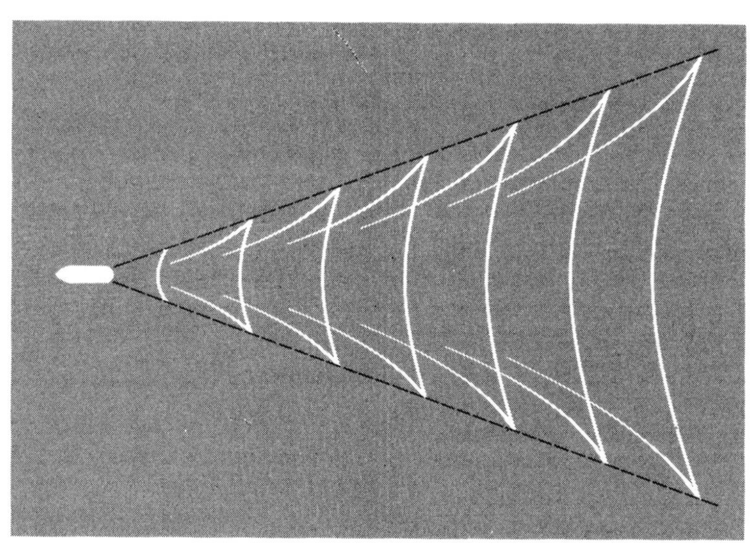

Answer

2.47

如果船產生的水波是單一波長，則船跡的角度是固定的，這個角度和超音速飛機激震波錐（shock wave cone）的角度類似。在後者，$\sin\theta = c/v$，其中c是音速，v是飛機的速度。但是船產生的水波，波長範圍很廣，運動的速度也不一樣。

從船的任何一點，水波向四面八方傳播，波長較長的波行進得比短波長的波快。但是這些波都相消干涉掉了，除了隨船的前進方向，向前擴散的圓之外。船的前進，留下這種相長干涉後擴散的圓形痕跡，較先產生的圓波會比後來的大。這些圓波形成了V字形區域，所以V字的角度和船速無關。考慮船的前進方向和船後尾跡這條中心軸上的一個特定點：這一點到船的距離，是這一點和垂直於中心軸、到船跡最外圍距離的三倍。因此V角度的正弦函數（sine）及角度本身，一定是不變的。

相長干涉擴散圓所產生的特殊波形，在V字形內就如同圖裡所畫的那樣。

2.48　拍擊岸邊的海浪

折射

當海浪靠近岸邊時，大致會和海岸線平行，爲什麼？當然，海浪原本應該是來自四面八方的。

2.49　淺水衝浪

淺水波浪　白努利效應

利用一塊圓形的木板，應該可以在一、兩英寸深的水面上「衝浪」。如果這塊木板有足夠的速率，你跳上去可以向前衝 20 英尺以上。在飛掠水面的過程中，是什麼支持你的體重？爲什麼當速率慢下來之後就撐不住了？

長一些的板子可以衝得更遠，爲什麼？長板子的摩擦力不是比較大，應該更快停下來才對呀？

Answer

2.48

波速和水深有關，水愈淺，波的移動愈慢。如果波浪的前緣（波前，wavefront）以某個角度接近海岸，則先接近海岸的波前會比離海岸較遠的波前先慢下來。當波逐漸依序慢下來，波前會搖擺、迴盪以改變方向，使它幾乎和海岸線平行（或至少和淺水線平行）。

2.49

板子的前端向上傾斜（就像所有衝浪者所採取的姿勢，他們站的位置都稍爲偏後方），因此水被迫通過衝浪板的下方。若衝浪板滑行的速度夠快，它會在底下的水被壓擠之前就通過了。舉例來說，若水有1英寸深，而水波的速度大約是0.5m/s。因此滑行的速度若大過它，就一直有新的水補充進板子下面，使板子不會停頓。支撐衝浪者的力量並不是水的浮力，而是板子和水碰撞的衝力。

2.50 衝浪

淺水波浪 波速

衝浪時，是什麼力量將你推向岸邊？你是被波浪推送，還是只持續地滑下波浪？爲什麼最適於衝浪的是那些快要破碎的海浪？而最好的衝浪地點都是海面下坡度平緩的海灘？衝浪者所在的波前爲什麼都相當穩定？長的衝浪板是否比短的穩定？

2.51 在船首潛行的海豚

浮力 尾流

海豚常會動也不動地，在船頭附近水深幾英尺的海水處隨船前進。它們沒有游泳的動作，因此一定是由船得到前進的動力。海豚的這項技能一定發展得很好，有時可連續一小時動也不動地讓船推著走，甚至還會側臥或繞著身體的縱軸緩慢旋轉。有時還有兩、三排海豚同時被船推著走的情況。事實上，是什麼東西推著海豚前進？

庫斯托（Jacques Cousteau）在他的一本潛水書《寂靜世界》（*Silent World*）中也提過類似的例子。鯊魚的前面常有一些小型的「嚮導魚」，依據傳說，牠們引導鯊魚前進。庫斯托曾看過一次這種嚮導魚，非常小，就在鯊魚的正前方，實際上牠們是被鯊魚推著走的。不用說，這是個危險位置！鯊魚是怎麼推嚮導魚的？牠們的位置爲什麼那麼穩定？

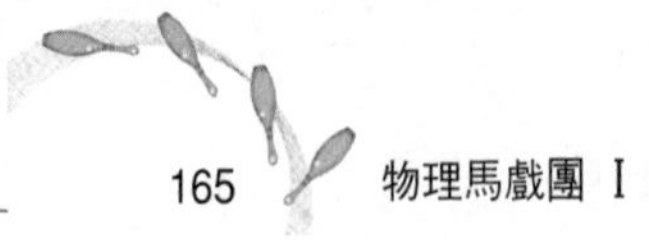

Answer

2.50

要乘浪，衝浪者必須和波浪一起以波速運動。通常在深水時，波速比波裡面水分子的移動速度快。波浪快要破碎時，水分子的移動速度幾乎和波速相等，衝浪者只要稍快一點，就可以站在衝浪板上，乘浪而行。這額外的速度來自衝浪者持續由波頂「滑下來」的動作。因此要衝浪，海岸的構造就是要能製造破碎或是接近破碎邊緣的浪。在浪頂上，水的速度最快，因此衝浪板後端、由水載動的速度就比前端慢，產生不穩定的狀態，因此衝浪板愈短，這個速度差異的問題就愈小。

2.51

移動的船隻會在船首前方產生一個高壓力區域。海豚就游在高壓和正常水壓之間，因此在船頭的前方。

2.52 海洋潮汐

重力　非慣性力　潮汐的靜態與諧和原理

潮汐的成因是什麼？一般人接受的說法是，月亮與太陽的引力產生地球的潮汐現象。讓我考考你一些問題。

向著月球那側的海水漲起來，是月亮吸引海水，使海水拉離地球嗎？如果是，就有點奇怪了，因爲地球對海水的吸引力不是比月球大得多嗎？

如果地球上的海水被月球吸引，形成漲潮，爲什麼一天會有兩次漲潮？地球每天自轉一次，因此地球表面上的點每天只會面對月球一次，那麼一天不是應該只漲潮一次嗎？現在一天漲潮兩次，一次是海水被拉向月球，另一次是拉離月球。你如何解釋第二次漲潮？

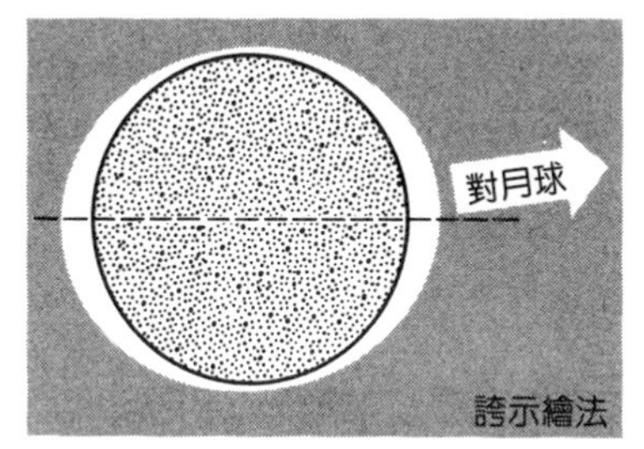

有些海（例如南中國海、波斯灣、墨西哥灣和泰國灣）一天只漲潮一次，爲什麼沒有第二次漲潮？而另外有些地方，如印度洋，卻是一日潮和半日潮交替出現，這又爲什麼？最後，爲什麼大潮不是正好發生在月亮當空的時候，而總是有些延遲？

Answer

2.52

潮汐的形成並不是月亮或太陽把水沿地心的方向往外拉。其實海水的膨脹是由於月亮或太陽引力的水平分量，把水聚集而膨脹起來。而向著月球那側的海水和背對月球那側的海水，水平分量較大，所以海水就聚集在一起。

如果月球的繞地軌道永遠直接對著赤道，就不會有每日一次潮汐的情況。但事實上月亮的軌道偏離赤道，有些低緯度地區就會有顯著的每日大潮。

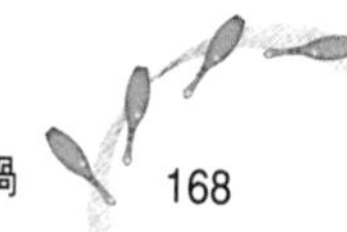

2.53　潮汐：太陽 vs. 月亮

重力　非慣性力　潮汐的靜態與諧和理論

太陽和月亮，哪個對潮汐的影響比較大？你能不能做個粗略的計算，看看對地球上的一灘水而言，太陽和月亮兩者對它的引力各是多少？你會發現太陽的引力大得多。

所謂滿潮，就是在新月或滿月時，海水位比平均潮汐高些。而小潮，也就是靠近上弦或下弦月（初七或二十一）時，海水位比平均潮汐要低。爲什麼有滿潮和小潮呢？

2.54　潮汐摩擦效應

角動量　守恆

當潮汐引起的海流通過海底時，部分能量會以摩擦熱的形式消耗掉。這種消耗能量的後果之一，就是地球的轉動變慢，一天的時間變長。

這種能量損失有更進一步的效應嗎？除非有外部的力矩，否則一個封閉系統的總角動量是不變的。在地球和月亮的系統裡，並沒有其它的外來力矩，但地球的自轉卻變慢了。那麼總角動量要如何守恆？

這種情況會一直下去嗎？地球一天的時間是否會愈來愈長呢？月亮的運動看起來會有任何改變嗎？有人預測，終有一天月亮會逆向繞日公轉，這眞的會發生嗎？

Answer

2.53

產生潮汐的力和太陽或月亮距離的三次方成反比。因此雖然太陽的引力比較大，月亮對潮汐的影響卻相對明顯。

2.54

地球與月亮系統的總角動量爲了保持不變，當地球轉速變慢時，兩者間的距離會增加，以補償地球角動量的減少。

2.55 湧入河口的怒潮

激震波前　水波　波速

絕多數河流的入海口處，潮水的上漲平緩，有時甚至是不知不覺的。但在有些河口，潮水像一堵垂直的水牆般，迅速地迎面而來，稱爲怒潮（bore）。如英國的塞汶河（Severn）與特倫特河（Trent），或加拿大的佩提科迪亞克河（Petitcodiac），就經歷過這種水牆。亞馬遜（Amazon）河口的大潮非常壯觀，16英尺高的潮水約有1英里寬，以每小時12海里的速度往上游方向襲捲而去。

但最有名的，還是中國大陸的錢塘江大潮，潮水高度可達25英尺。中國人還很巧妙地利用潮水做推力，讓大帆船逆河而上，而不顧海潮的湍急與危險。這些大潮是怎麼形成的？爲什麼不是每個河口都有大潮？潮水的速度和潮高有關，還是和河深有關？

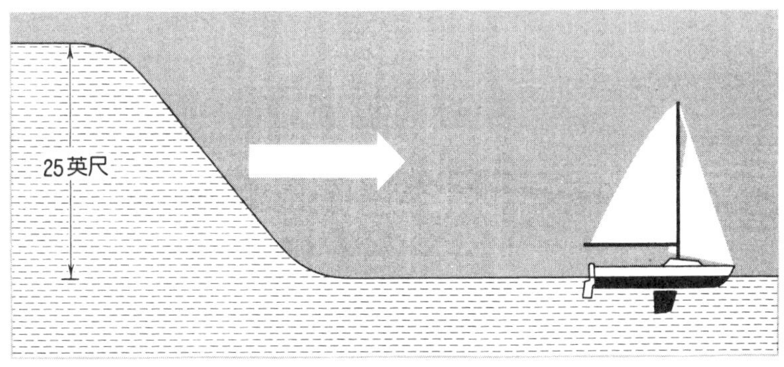

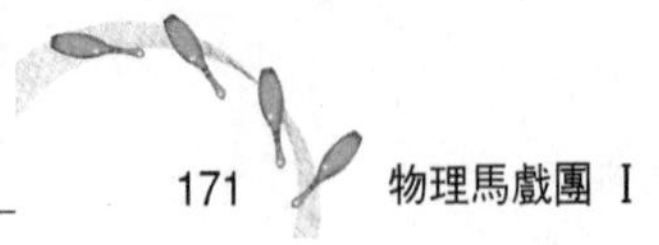

2.56 芬地灣潮

共振 波流 水波

爲什麼加拿大新斯科細亞省（Nova Scotia）的芬地灣（Bay of Fundy，參見右頁圖）大潮是全世界潮差範圍最大的海潮。有些地方的潮差很大，漁民只要在低潮時架起漁網，在下一個低潮時再去揀魚就好了，高潮自會把魚帶進來。

在海灣的入口，潮差還不大，滿潮時只有10英尺左右。但到了聖約翰灣（Bay of St. John），潮差已增爲25英尺。到契格尼克托灣（Chignecto Bay）時，可達46英尺。而51英尺的最高潮差，是在密納斯灣（Minas Basin）頂端發現的（有風的時候，會再加高6英尺之多）。

是不是某種海灣長度會增加潮差的高度？像芬地這種深度（75公尺）的海灣，什麼長度對潮差最有助益？它和芬迪灣的實際長度比起來如何？

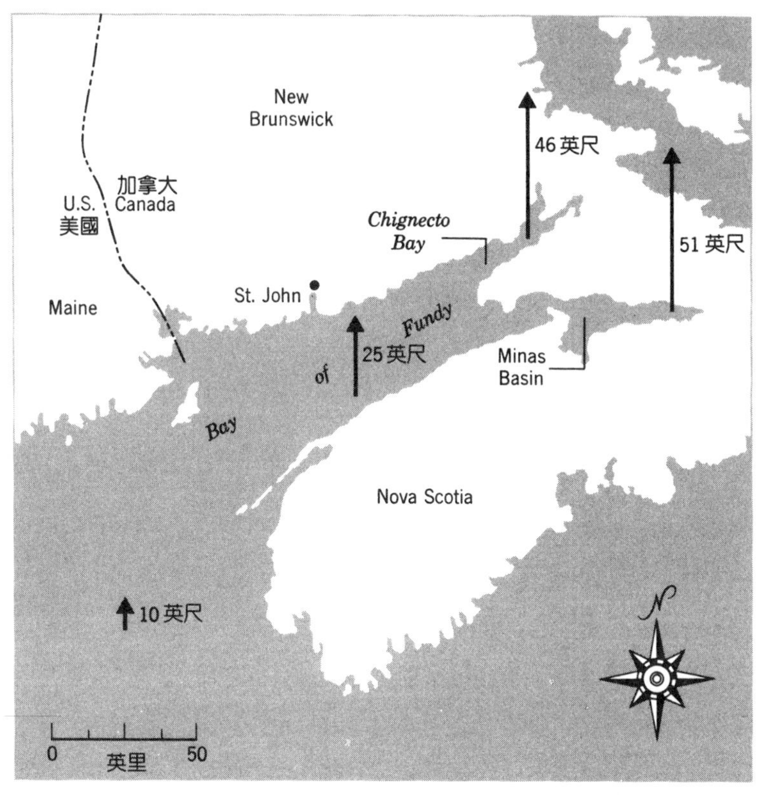
New
Brunswick
46 英尺
加拿大
U.S.
Canada
美國
Chignecto
Bay
51 英尺
St. John
Maine
Fundy
25 英尺
Minas
Basin
of
Bay
Nova Scotia
10 英尺
N
0
英里
50

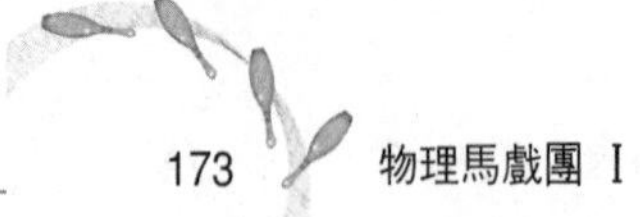

Answer

2.55

參見**2.58**。

2.56

這個海灣的自然振盪週期約為13小時，因此每日兩次的潮汐，會引起海灣的共振，很像聲波會引起風琴管的共鳴振盪一樣。結果，海灣的振盪能量被增強，振幅的高度也增加。

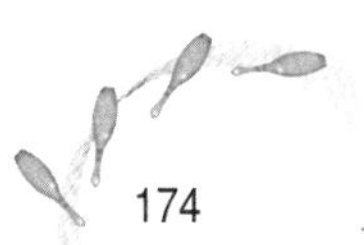

2.57 漾

共振

湖裡的水通常會像在一個方形水槽那樣，前後振盪。多年來，日內瓦湖（Lake Geneva）沿岸的居民已注意到這種現象（稱為「漾」，seiche）。湖水的高度變動有時可達三英尺。但他們不知道振盪週期怎麼來的，甚至不知道是什麼原因產生振盪。一個長方形湖泊的振盪頻率如何決定？你認爲日內瓦湖（平均深度約150公尺，而長度約60公里）的振盪週期是多久？最後，湖水爲什麼會振盪？

2.58 水槽裡的流體跳躍

激震波前　水波　波速

當水龍頭的水流進水槽時，起先水會以薄薄的一層向外擴散，到了某一段特殊距離之後，水好像忽然跳起來似的，水深突然增加。因此，像個圓形的矮水牆圍著水流一般。

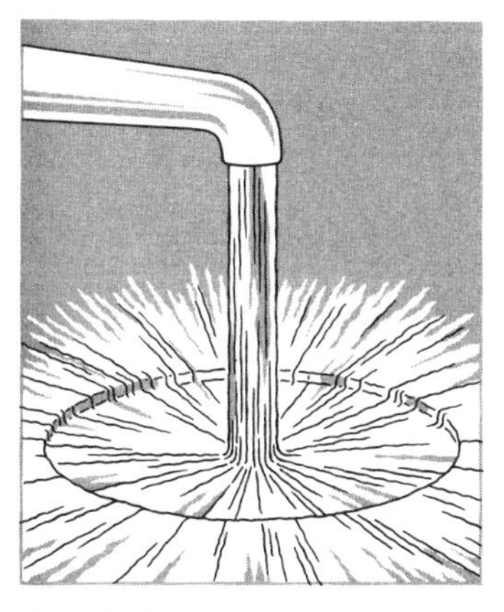

若水流在一塊平板上，也會形成這種水牆，只是水深的改變沒那麼明顯而已。水深爲什麼會忽然增加？水跳開時的圓形半徑如何決定？水牆的高度有多少？

Answer

2.57

風、氣壓變化和地震事件會引起這些水體振盪。在受擾動後產生的各種振盪頻率裡，水體會選出自己的共振頻率。此時水體裡就會產生駐波，就像風琴管受到一個範圍聲波的刺激，產生出聲音駐波一樣。

2.58

不管是大潮情況或是水槽裡的跳躍，都是流體跳躍的例子，這是表面水波發生類似大氣中激震波（shock wave）的情形。正常的（正弦式的）重力波可以在水流中逆流行進，若水流速度小於波速的話（參見**2.46**中提到有關重力波與毛細波的差別）。流速和波速的比值稱爲夫如數（Froude number）。夫如數小於1的水流屬於「次臨界」（subcritical）；若大於1，就是「超臨界」（supercritical）水流。

流體跳躍就是發生在流體從次臨界變爲超臨界所形成的波。因爲波速和水深的平方根成正比，所以水的高度會改變。舉例來說，在水槽流體跳躍的情況下，內圈的水比較淺，重力波速較慢，流體是超臨界狀態。到了外圈，深度增加，波速變大，流體變成次臨界狀態。在河口潮的例子裡，流進河口的潮水受地形影響變窄、加深，由超臨界流體變成次臨界流體，也因此增加了水波的速度。

2.59　水流裡的駐波

激震波前　水波　波速

如果你把手指頭或刀子的平面放在很細的水流下，則水流會出現很明顯的駐波。爲什麼？什麼東西決定波的空間重複性？爲什麼這個重複性和水龍頭與物體之間的距離有關？

2.60　海灘上的尖緣

激震波前　水波　波速

爲什麼沙灘上常會出現尖緣的線條與形狀？有時候在小卵石的旁邊也有這種線條與形狀。海浪沖上沙灘，不應該是平緩的平面波嗎？雖然有些尖緣很快地就獨自消失，但在很多長海灘上，都有這種規律、間隔的痕跡出現，是什麼造成的？

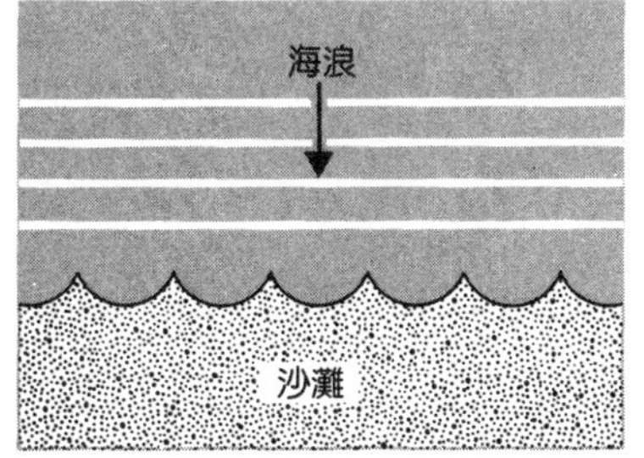

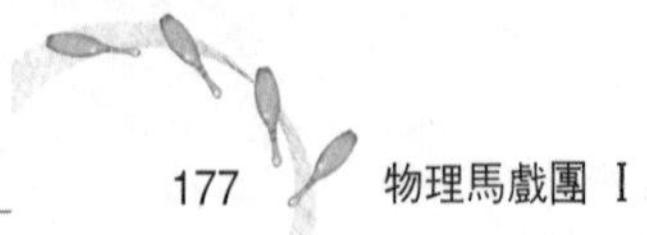

Answer

2.59

目前還不知是否有任何文獻談到這種現象，因此你可以自己做些實驗，看看它的結果。

2.60

這種岸邊的尖緣現象目前還在研究。雖然有很多假設性的理論被提出來，但還沒有一個是被普遍接受的。較大尖緣是由海潮的激流造成的，這種潮流沿著海岸有相當規則的間隔。根據原理，大尖緣的尖端（角的部分）正好在兩股海流之間，這種地方，海流把海底物質帶離海岸的力量最弱。而大尖緣的圓滑處（彎的部分），正是海流回流海洋的位置，會被帶走最多的海底物質。至於小型沙灘尖緣的成因則尚不明瞭。最近的一項理論說，湧進來的海浪在岸邊形成和海岸線不平行的駐波。這些斜駐波的波峰和波谷就構成沙灘上的小型尖緣。

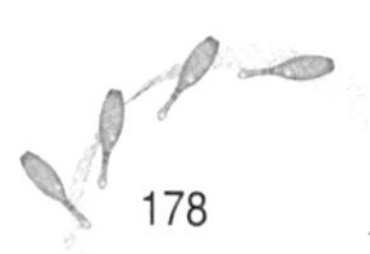

2.61　艾克曼螺旋　轉動座標裡的力　摩擦

假設海洋中有股穩定的風吹過海面，則海面吹起的波浪到底會往哪個方向移動？往風吹的方向嗎？或稍微偏左點？我知道在北半球，是風向往右 90°，而在南半球則是朝左 90°，爲什麼是 90°？加州外海的洋流在淺海裡就是個好例子。那裡的風通常向南吹，和海岸平行，但海洋的上層卻是向西流動。

2.62　西方的強洋流　渦旋度　非慣性力　摩擦

不論北半球或南半球，海洋西邊的洋流都比較強，你不覺得奇怪嗎？

北大西洋：墨西哥灣流（Gulf Stream）

南大西洋：巴西洋流（Brazil Current）

北太平洋：黑潮（Kuroshio）

印度洋：阿古拉斯海流（Agulhas Current）

（唯一例外的是南太平洋，澳洲外海並沒有強的洋流。）爲什麼海洋西邊有比較強的洋流？

Answer

2.61

地球自轉產生一股很明顯的力，就是柯若利士力，這個力使水流的方向和風向偏離。在北半球，大約是向右偏45˚，而在南半球則向左偏45˚。若水流是層流（laminar），則偏離角度會隨深度增加。如果沿著水深畫出水流的速度向量，這個圖會是螺旋狀，稱爲艾克曼螺旋（Ekman spiral）。要從螺旋來計算水流的總改變量，必須對整個深度的水流改變量做積分才行。這樣計算的結果顯示，水流方向的淨改變量和風向大約偏離了90˚。

2.62

柯若利士力隨緯度的改變，使一般的海洋環流偏向西邊。因此西邊的流線會比較密，洋流比東邊強。

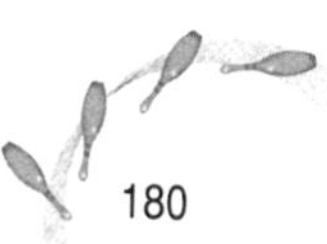

2.63 茶葉

次級水流　離心力　摩擦

爲什麼你攪拌茶的時候，杯裡的茶葉會集中在中央？因爲茶在旋轉，你可能認爲這是另一個離心力的作用的例子，但且慢，在離心力的例子裡，較重的東西不是應該向外跑嗎？因此離心力的說法反而令茶葉的行爲更加神祕。

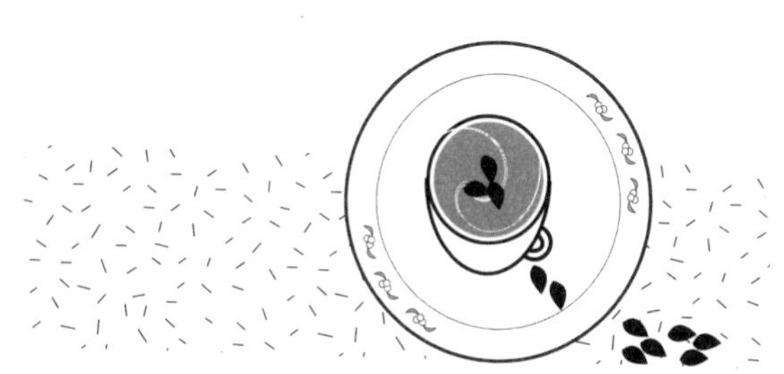

Answer

2.63

當你攪拌茶時，這種旋轉運動的向心加速度，來自茶杯邊緣的茶與中心位置的茶壓力不同。這種壓力差會產生另外一股水流，稱爲次級水流（secondary flow），它使茶葉聚積在茶杯中心。假想現在這杯茶有兩個平面，頂層和底層。在這兩層上，距圓心愈遠壓力愈大。但底層能提供向心加速度需要的壓力差比較小，因爲杯底摩擦力的關係，讓底層的旋轉比上層慢。頂層和底層都有壓力差，但頂層的壓力差比較大。

假如有一小片茶葉，最初的位置是頂層的最外圈，它不但會繞著圓心旋轉，還會漸漸沿著茶杯壁沉到杯底，這是因爲頂層外圈的壓力比底層外圈的壓力大。爲了補充頂層外圈損失的流體，沿著中心軸，會有底層的茶水移上來，並且流到頂層外圈。因此當茶旋轉時，同時有一部分茶水由頂層外圈、底層外圈、底層內圈、中心向上、頂層外圈的對流順序旋轉。留在杯底的茶葉會被這種次級水流捕獲，當杯底中央的水往上升時，茶葉就留在中心軸上。

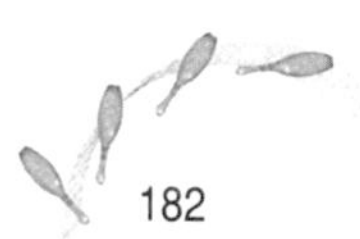

2.64 河流的蜿蜒

次級水流　離心力　摩擦

天然的溪流，尤其是年代久遠的，很少有直直的長段距離，它們總是彎過來彎過去，形成河曲（meader）。有時河道太過迂迴，使原本的河道直切，捨棄流經原來的迴路，而在新河道旁留下一個牛軛湖（oxbow lake，又稱弓形湖）。

當然，有時局部地形也會使河流彎曲，但河流不是應該有更多直的部分嗎？爲什麼會彎來彎去？

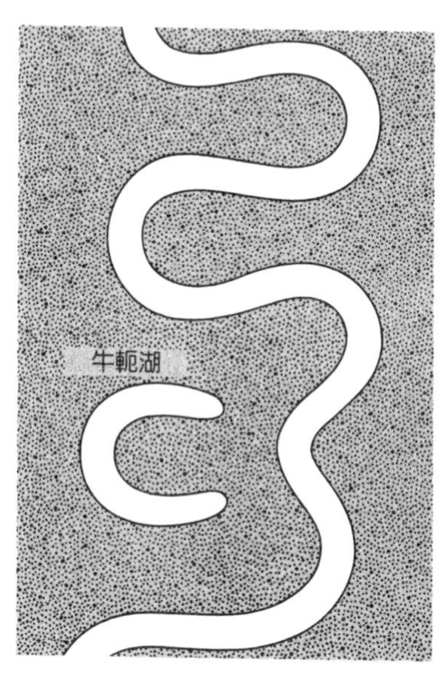

Answer

2.64

上一題中談到的次級水流，也是河流蜿延的原因。若一開始河流有輕微轉向的跡象時，會產生垂直於流向的次級水流，由頂層外圈循環流向底層外圈，接著流向底層內圈，再向上至頂層內圈，最後回到頂層外圈。

這道水流侵蝕外圈的河床壁，並沉積在內圈河床上，不過這多發生在下游。雖然幼年期的河流開始時相當直，但只要有一點點彎，水流的侵蝕與堆積能力就會被加強，於是河曲開始產生。

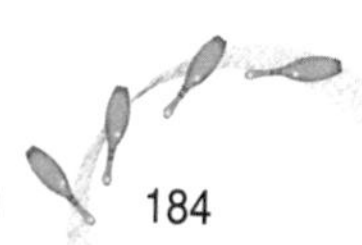

2.65 旋轉水裡的上升球

環繞障礙物的流體 壓力梯度 旋轉座標裡的力

調整一個小球的密度（在裡面加些水），讓它可以在2秒鐘左右，由4英寸深的水杯裡浮上來。如果把杯子放在一個轉盤上，而球在中心，球上升的時間應該不變，不是嗎？但事實上，當轉盤子的速度達每分鐘$33\frac{1}{3}$轉（rpm）時，原來4秒的上升時間變成30秒。爲什麼時間差這麼多？事實上，爲什麼會不同？

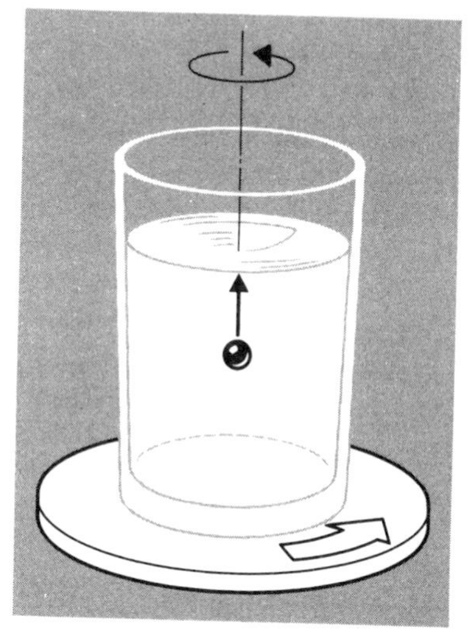

Answer

2.65

若球以正常的速率上升，則勢必得把它上方的水向外推開。但水這樣的運動會對抗讓水產生圓周運動的壓力差。（水對中心軸旋轉時的向心加速度，是由不同半徑的壓力差所造成的，半徑愈大壓力愈大。）若球上升的速率太慢，無法把它上方的水往外推，則球會隨著中心的水柱，以相同的速率緩緩上升。換句話說，球會推、拉著與自己相同尺寸的水柱往上升，這個水柱的摩擦力和向上移動的質量，都使球體上升所需要的時間加長。

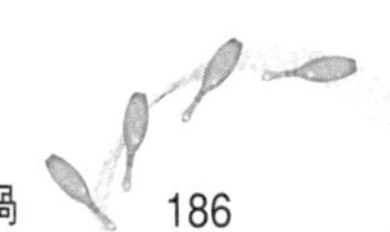

2.66　泰勒的墨水牆

壓力梯度　離心力

若滴一滴有顏色的水到清水裡，染色的水大約有半公分直徑的範圍。

但若將杯子放在轉盤的中心，而在稍微偏離中心軸的位置滴下染色後的水，則有顏色的部分會壓縮成薄薄的一層垂直膜，圍著中心軸繞一圈。染料爲什麼會保持在這層薄膜裡，而不和清水混合？

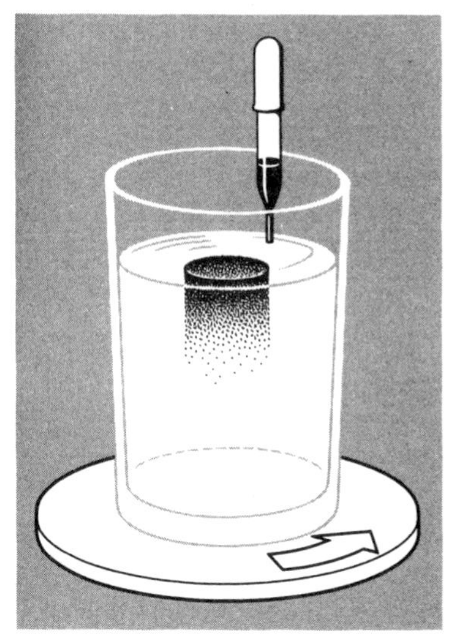

Answer

2.66

染料入水後會取代一部分清水的位置。一部分水被壓迫向中心軸移動，但對新位置的半徑而言，這一部分水旋轉得太快了，因此有一股向外推的力量，想把它推回原來的位置。另外，被染料向外推的水，卻發現由於向心加速度而使自己承受太大的壓力，迫使它退回原來的位置（徑向壓力差在前一題討論過）。最後，染料就被壓縮成放射狀，向下混合成薄薄一層。

泰勒（Geoffrey Ingram Taylor, 1886 - 1975），英國物理學家，主要貢獻在流體力學與固體力學。他提出：均質轉動的液體，它的每一個與轉動軸垂直的平面，都呈現近似的相對運動。這個現象稱為泰勒效應（Taylor effect）。

2.67　浴盆漩渦

渦旋度　柯若利士力　角動量

北半球浴盆的排水漩渦，真的如一般所說，是逆時鐘旋轉嗎？如果南、北兩半球的浴盆在排水時，漩渦的旋轉方向真的相反，是不是表示在赤道地區，不會有任何漩渦產生？

Answer

2.67

有關浴盆排水口的漩渦方向爭執，許多人相當執著，就像宗教的狂熱份子。有人認爲北半球的浴盆排水，一定是逆時鐘方向旋轉；也有人認爲這種情況大約是一半一半。夏皮羅（A. Shapiro）是第一個仔細試驗排水漩渦方向的人，但爭論似乎並未因此停息。除非是一個經過特別設計的浴盆，否則不可能觀察到受柯若利士效應的旋轉，一般浴盆和排水孔的配置，絕不是爲觀察柯若利士力而設計的。它們的排水旋轉方向是隨機的，受到一些非控制因素的影響，如浴盆的形狀，拔塞子的動作，注水時殘存的渦旋度（vorticity），水面上空氣的流動以及排水孔的形狀與位置等。

要想顯現相當微弱的柯若利士力，你要有一個非常對稱的浴盆，位於中心的排水口，在拔開塞子的時候水不會旋轉。浴盆裝滿水之後要放個一、兩天，讓注水時的渦旋度完全消失。水面上不能有任何空氣流動，室內溫度也維持不變，因爲這些因素引起的運動都會蓋過柯若利士力所引起的運動。所有這些條件和其他細節都注意到之後，才能觀察到柯若利士力對排水方向的影響。

2.68　陸上與海上的龍捲風

渦旋度

龍捲風，不管是陸上的或海上的，有像颶風那樣的特定旋轉方向嗎？我們怎麼會看得見？在水龍捲（waterspout）裡的水是上升或下降？爲什麼有的龍捲風只有一個漏斗型的結構？相鄰的兩個龍捲風會互相吸引或排斥？最後，有些龍捲風看起來有兩層，像是由兩個同心漏斗所構成，爲什麼？

2.69　蘇打水龍捲風

渦旋度

把一瓶剛開瓶的蘇打水放在轉盤的中心，以 78rpm 的轉速旋轉。如你所料，氣泡會由蘇打水中湧出，但是當你加些糖或其他顆粒狀物質時，一種類似龍捲風的結構會因此形成。是什麼東西產生這種漩渦？它的能量從哪裡來？

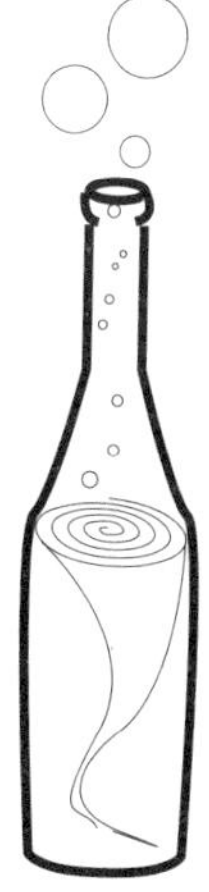

Answer

2.68

有關陸上與海上龍捲風的成因、特性與行爲，所知有限。事實上，除了發生地點的不同之外，兩者還有一點差異，但不很明顯。水龍捲比較弱，移動較快，持續較久。發生在美國中部平原的那種正牌龍捲風具有高度的破壞力，而且還常挾帶暴風雨。氣流的運動方向似乎是沿著漏斗中心，往上流動（《綠野仙蹤》裡的桃樂絲就是被龍捲風帶上去的）。我們看得見的漏斗形狀是因爲水氣凝結在壓力較低的地方，或者是氣流把土壤、碎石或浪花挾帶上來的結果。龍捲風通常發生在春天，當乾、冷的北方空氣南下，遇上墨西哥灣區域的溼、熱空氣時形成的。然而發生旋渦的眞正機制並不清楚，熱差引起的旋轉也許是原因之一。已經存在的旋轉運動可能集中起來，使強度增加。超級大雷雨能一再發生放電現象，使空氣被劇烈加熱以產生旋渦。

2.69

顆粒狀物質會扮演核心的角色，使氣泡生成，協助二氧化碳氣體的釋放。在旋轉流體中心，特別是顆粒狀物質被丟在中央位置時，氣泡會在此形成，因爲中央位置的水壓比外圍低（有關壓力分布的原因參考**2.63**）。這種被釋放的氣體讓中心部分的水得到浮力往上升，而底部外圍的水就向中央流動，使角動量集中到中心來，旋轉速度加快就形成旋渦。

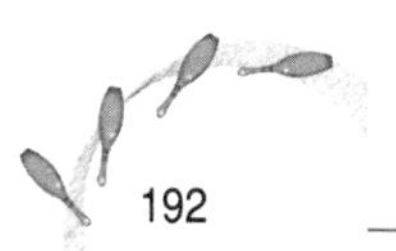

2.70　咖啡杯裡的漩渦　浮力

仔細攪拌一杯熱咖啡，使它有均勻的漩渦，然後倒入一些冰牛奶在中央，則會有很明顯的漩渦出現在中央，連它邊緣的漣漪都可能很清楚。但如果用的是熱牛奶，就不會有漩渦形成。爲什麼冰牛奶會產生漩渦而熱牛奶卻不會呢？

2.71　水氣旋渦　對流　渦旋度

大自然中還有一種旋渦，不過它十分罕見。在冬季的湖面，如密西根湖，若有很濃密的霧氣時，就會出現水氣旋渦。你可以模擬類似的情況，在充滿水氣的浴室裡放滿一浴盆熱水，然後把冷空氣往浴盆上吹。這種水氣旋渦是怎麼形成的？

2.72 塵捲風

對流 渦旋度

在沙漠或多沙的地區，常看到旋風形的風沙飛舞，我們稱爲塵捲風（dust devil），它是如何形成的？塵捲風裡面的空氣是上升還是下降？沙暴它是否和颶風一樣，有特定的旋轉方向？

爲什麼一個看起來小小的、局部的空氣擾動會引發塵捲風？例如，推土機走過沙漠地區表面，就會在後方引起一連串塵捲風。爲什麼幾乎所有的塵捲風都在三、四分鐘內就消失掉？是由於亂流？還是它的能量來源喪失？最後，爲什麼塵捲風的形狀像個不規則的玻璃沙漏，而不像龍捲風的漏斗呢？

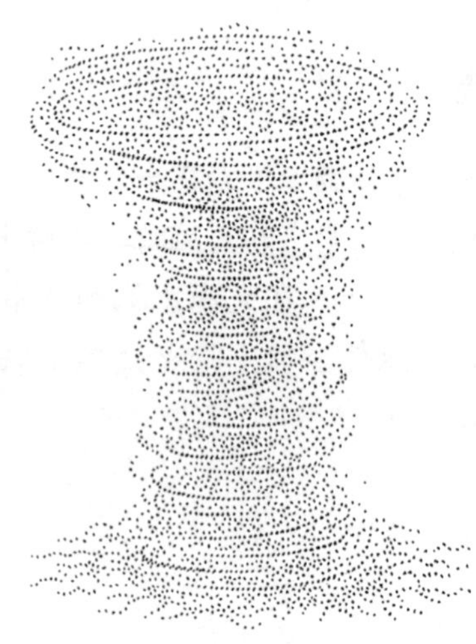

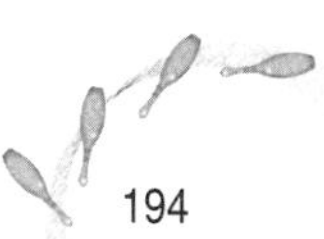

2.73　火的旋渦　對流　渦旋度

為什麼在火山、森林大火或大型營火附近，常出現龍捲風般的火旋渦？

2.74　水滴所生的漩渦環　對流　渦旋度

如果一滴染了色的水，滴進一杯清水裡，由於濺開的關係，你會看到一圈漩渦環。這個環一面向外擴散，一面下沉。你能簡單地解釋一下漩渦環的成因以及它擴散的原因嗎？環內的水是怎麼旋轉的？最後，同一滴水滴為什麼會產生更多的環（卻較不明顯）呢？

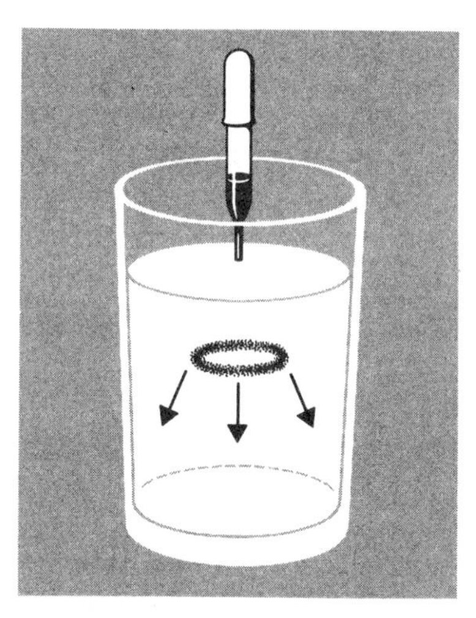

2.70

冷牛奶的密度比熱咖啡大得多，所以倒進咖啡時會向下沉。在漩渦中央的「咖啡柱」裡，咖啡挾帶著牛奶向下伸展。結果，混合漩渦柱的角速度增加，有時強到能使咖啡表面產生波紋。若倒進熱牛奶，它不會向下沉，或至少不會沉得那麼快。若熱牛奶的密度比咖啡小，中心的漩轉水柱會隨深度縮短，旋轉速度也會降低。

2.71 ~ 2.73

塵捲風形成與維持的原因並不十分清楚。顯然開始時，地面附近有不穩定平衡的過熱氣流，任何微小的擾動都可能破壞熱空氣的平衡，使熱空氣離開地表的沙層而上升。一旦平衡破壞了，上升的熱空氣會形成煙囪效應（chimneylike effect，見 **3.34**），把周圍其他的熱空氣往上拉。至於旋轉的方向則不像颶風有特定的方向，基本上是隨機的。野火上方與密西根湖面上的旋風現象也是類似的情況，乃熱空氣在冷空氣之下的不穩定狀態。

2.74

當染料滴進水裡時，它的邊緣受到水的阻礙，運動得比中心慢。中心部分下降得比較快，因此下降得慢的周圍部分就向上捲曲，形成漩渦結構。當染料環接近底部時，擴散的情形就像 **2.103** 裡的煙圈擴散。

2.75 「鬼」跡

對流　渦旋度

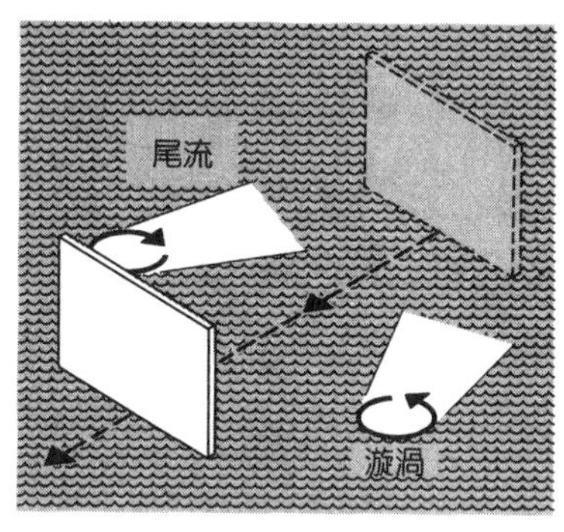

如果你像左圖那樣，將一塊垂直的紙板，很快地水平移動通過一池水的上方，則池面上會出現兩區尾流（wake）的痕跡。爲什麼？

如果紙板沿水池岸邊移動，如右圖那樣，只會在紙板的一邊出現尾流，這又是什麼原因？

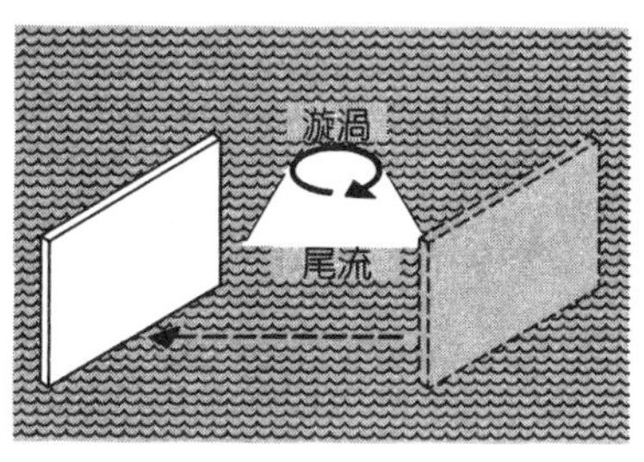

2.76 候鳥的V字隊形

旋渦　空氣動力學

你認爲候鳥在遷移時排成V字形，有物理上的原因嗎？或者這只是一種有趣的行爲反應，本身沒有實質意義？如果這種隊形有某些氣體動力學的根據，那麼隊形的對稱很重要嗎？鳥群的翅膀拍動需不需要同步呢？V字隊形比起其它隊形（如一字排開或Z字形）有什麼優點？爲什麼鳥兒不像魚群那樣，聚成一團飛？

Answer

2.75

在第一種情形下，揮動紙板產生的氣流會在兩側形成漩渦波紋。第二種情況時，空氣隨紙板長邊的運動而被掃動，最後會在後沿破裂成漩渦。

2.76

當鳥兒向下揮動翅膀時，會使翅膀後面的空氣往上揚，在後方造成向上的氣流。V字隊形的排列可讓後面的飛鳥，得到這股後曳的向上氣流協助。因此，除了最中央的那隻鳥之外，大家都可利用前面夥伴的上升氣流，飛得省力些。

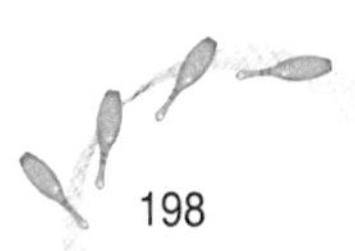

2.77 熱、冷空氣的渦旋管

渦旋度 絕熱過程 摩擦

有一種蘭克－希爾須渦旋管（Ranque-Hilsch vortex tube），沒有任何可動零件，卻能很神秘地，把冷、熱空氣分開。如果壓縮空氣（在室溫下）由渦旋管的側管吹入，則渦旋管的一端會有接近200°C的熱空氣跑出來，另一端則會有接近－50°C的冷空氣跑出。管子裡並沒有任何加熱或冷卻的機件，只是個圓柱形空腔，其中的一邊，中央有個出氣小孔，而另一邊的底端有個活門瓣而已。

這麼簡單的裝置怎麼能產生溫度差異？應該不會有小人躲在管子裡，很勤奮地將室溫下的空氣分離成冷、熱空氣吧？

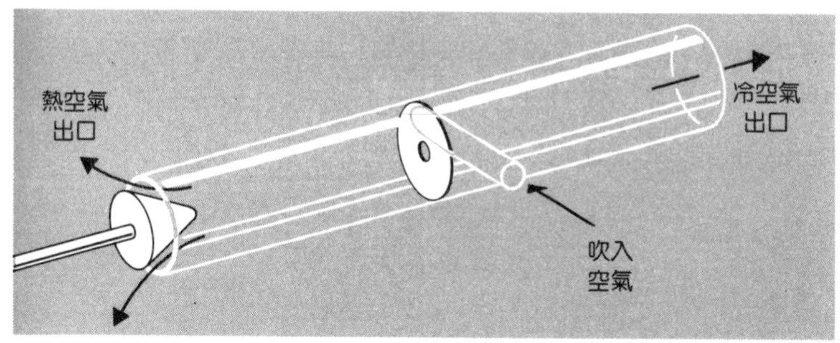

Answer

2.77

當氣體進入管子後，一開始由於擴散的關係會冷卻，並在吹氣口附近產生一個旋渦，管子中心軸附近的氣流速率比較大，靠近管壁的速率比較小。當氣流沿管子螺旋前進一段距離時，速率隨半徑的分布會變得比較平均，因爲裡層空氣由於黏滯性的關係會對外層的空氣作功，因此當外層空氣碰到熱空氣的出口時會被加熱。

旋渦中心的氣流則流向冷空氣出口，通過吹氣入口時會膨脹然後冷卻。

因此，旋渦外層空氣的增溫是由於加速外層氣流時的黏滯力作功，而中心部分空氣流往相反方向，則因擴散而降溫。

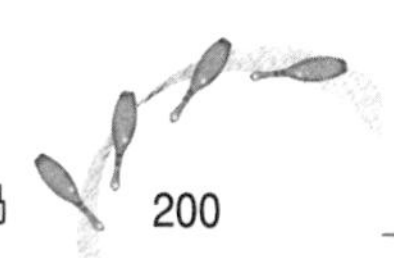

2.78　跟屁蟲賽車

尾流

在一般的賽車時，緊跟著前一輛車有什麼好處？領先的車會不會受到影響？當後車決定超前而突然衝出來時，常會受到前車周圍氣流產生的一股強勁力量，爲什麼？

2.79　下沉的硬幣

阻力　漩渦

把硬幣丟進一個大水槽，它下沈時是邊緣向下，還是圓面向下？若用比較黏稠的液體，像油或糖漿時，情況又如何？一個圓柱體又是如何下沉的？

一般的常識可能讓你以爲下沉的東西永遠以最流線形的方向落下。但是由於某些參數，硬幣和圓柱卻會以你放手讓它下落的方向下沉，所以任何方向皆有可能。若是更大的圓盤狀物體或更稠的液體，則會使盤子以圓面朝下的方式下沈。什麼力量使得圓面朝下？爲什麼同樣的力量不會使硬幣或圓柱，也是以圓面朝下的方式沉下去？

2.80 下沉物體的交互作用

尾流 漩渦

當幾種物體在黏稠的液體，如油或糖漿中下沉時，會以很奇怪的方式互相作用。下面是一些例子。

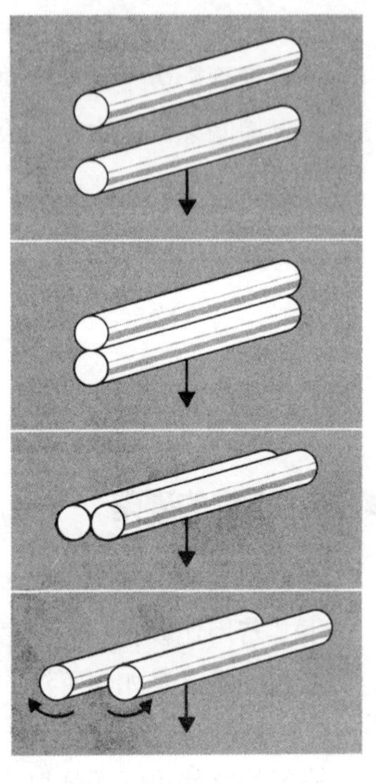

把兩個圓柱在很短的時間內緊接著丟入黏稠的液體中。在某種黏稠度、圓柱大小和下沉速度的範圍中，後落下的圓柱會追上前面的圓柱，並繞著它轉動，直到兩者並排，之後一起旋轉，且一邊平行地下沉並逐漸分開。

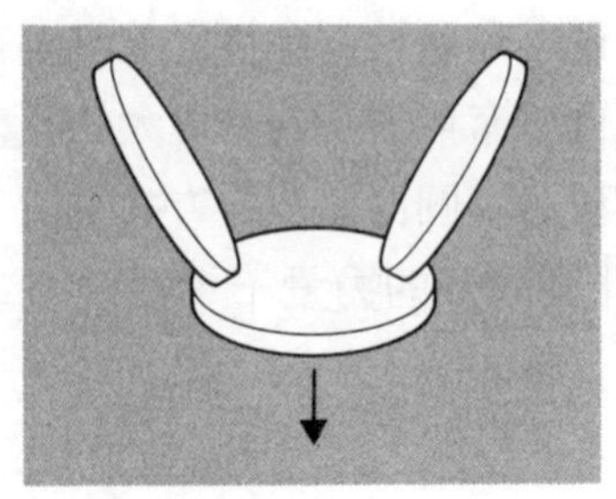

另有一種比較簡單的交互作用。兩個隨後下沉的圓盤會追上稍早丟下來的圓盤，然後三個盤子結合成穩定的蝴蝶形態，繼續下沉。

另外，若丟入三到六個原本緊密重疊的球體，它們後來會排成一直線或是規則的多邊形，而且這個多邊形會一面下沉，同時慢慢擴大。

你能不能大概解釋一下每一種交互作用如何發生？但不必講得太詳細。

2.81　水裡的奇異氣泡

浮力　阻力　尾流　漩渦

仔細檢視水杯裡的氣泡看看。很小的氣泡（半徑小於0.7公釐）是球形的，而且是直線升上水面，就如你猜的。稍大的氣泡（半徑不超過3公釐）還是球形，但在水裡的上升路線卻是螺旋狀或Z字形。若氣泡更大（半徑超過3公釐），上升的路線又變回直線。但那些半徑超過1公分的氣泡，就不再是個圓球形，而有點像雨傘，是個半圓帽，如右圖。

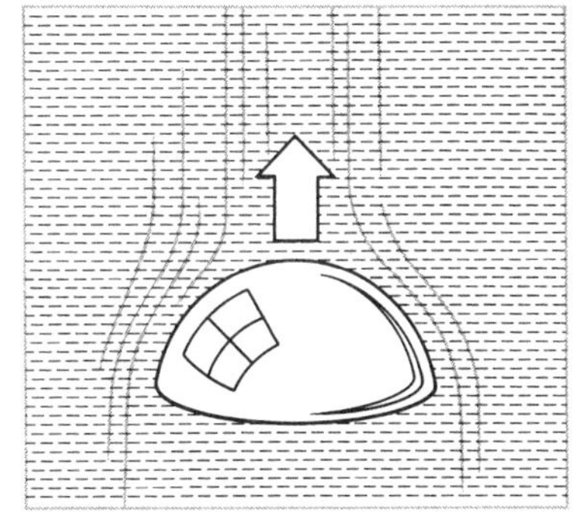

為什麼氣泡上升的路徑和它的大小有關？中等大小的氣泡為什麼呈Z字形或螺旋狀上升？是哪個參數決定上升運動的頻率？

Answer

2.78

尾隨在後的車子會被前車留下來的旋渦氣流帶動往前驅進，而且因為空氣已被前車隔離，後車所受到的空氣阻力也比較小。當後車預備超越前車時，會猛然感受到一股力量。在被超車的那一側，部分氣流必須被迫擠過兩車之間的窄空隙，因此氣流被加速，壓力就降低。當兩輛車很靠近時，後車後面的壓力會大於前方鄰前車那一側的空氣壓力，這個壓力差在它超車時會暫時使它加速，被超的車在同時應該會感受到一股向後的力。

2.79 ~ 2.81

這些物體下降或上升的形態，是受到流過它們四周流體的型式與變化所控制，但還沒有一種理論或甚至定性的解釋可說明這樣的結果。之前的研究是想把這些行為與雷諾數（Reynold's number，一種和流體的存在以及混亂程度有關的數值），或其他這類參數聯結在一起。

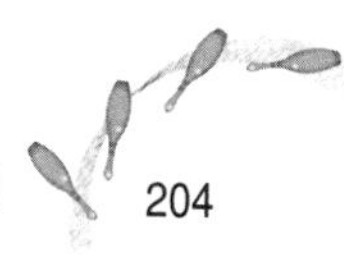

2.82　風在建築物上的呼嘯

旋渦

爲什麼在強風裡，建築物的迎風面比背風面更平靜？情況不是應該相反嗎？

2.83　魚群

旋渦　阻力

魚群聚在一起，當然有生物社群的本能要素，但是它對魚本身也一定有實際的好處。當以這種群體形態游泳時，魚的耐力會明顯增加，有時達六倍之多。爲什麼一些體形、大小類似的魚，整齊排列且同步游泳時，會有這麼大的好處？特別是，魚和魚之間的距離是怎麼決定的？一條魚應該游在另一條魚的正後方嗎？爲什麼魚不像鳥那樣，排成V字型？

「一切都是由『請你跟我這樣做！』的遊戲開始的！」

Answer

2.82

風吹過建築物時，會「分解」成很多旋渦。因此在建築物的迎風面，風大半還是層流（平滑流動），但在建築物的背風面，旋渦讓風變成亂流狀態。

2.83

魚群游泳的方式，類似**2.76**的鳥類飛翔隊形，目的是讓後面的魚能利用前面魚游動時留下來的尾流。

假設有一條身在魚群裡的魚，牠游過之處，形成了一個個沿著前進方向軸兩側、交替出現的漩渦。漩渦的轉動造成軸線上的水流方向與魚的運動方向相反，成爲向後的水流。如果有條魚跟在這條魚的正後方，它便要花更多力氣來對抗前面的漩渦逆水流。但若後面的魚是跟在軸線的旁邊，則水流方向是屬於漩渦向前流的部分。假想有條魚，跟在前面兩條魚的前進軸線之間，前兩條魚留下來的漩渦，正好使後面這條魚處在前進水流的環境中，游起來就比前面的魚省力多了。

魚群聚在一起的目的之一就是要省力，後面的魚可充分利用前面的魚留下來的漩渦水流，除了第一條「嚮導魚」例外。

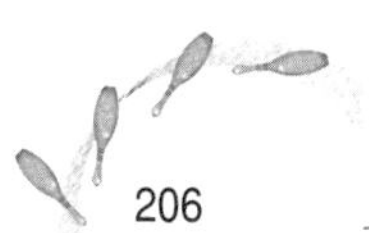

2.84 塔科馬海峽吊橋的崩塌

策動共振 諧振盪

你可能知道美國塔科馬海峽（Tacoma Narrows）吊橋的坍塌，很多學校的物理系都保存著整個過程的紀錄片，清楚顯現出橋的振盪以及最後的坍塌情形。

橋在建造的時候就振盪得很厲害，事實上結構物的擺動甚至讓工人覺得暈眩。甚至在橋正式通車之後，很多遠方的人特別開車過來，就為了體會吊橋振盪的刺激。有些日子，橋的振盪可達到5英尺之多，橋上車子裡的乘客甚至看不到別的車子。

然而橋最後會垮掉，至今仍然令人吃驚。在坍塌的那天早晨，橋的擺動忽然停止了，而在短暫的停頓之後，橋發生猛烈的扭力振盪（torsional oscillation）。當時在橋上的兩個人只好四肢著地，爬了出來。後來發現一隻狗陷在橋上，有個教授只好在扭力振盪的節線（nodal line）上，倒退著前進（他的倒退救狗行為也被錄了下來）。

在扭力振盪了三十分鐘之後，一塊橋面上的鐵板掉了下來。又過了三十分鐘，600英尺長的部分橋板也掉下來。之後，儘管扭動曾短暫停止，但旋即扭動起來，不到幾分鐘的時間，主要的橋板就全掉下來了。

這件事並不能怪罪橋的設計者（悲劇發生後，他的事業生涯結束，不久後也去世了），因爲當時對吊橋的空氣動力行爲還不十分了解。這件事對橋樑建築的影響是巨大而深遠的。

在物理學上，把這座橋的坍塌當成策動共振（driven resonance）的實例。雖然在那天，風並不是特別強，但橋的振盪卻大到發生災難的程度。但是風怎麼會弄成這樣，又如何造成這種後果？爲什麼很穩定的風會造成擺動，而這擺動隨後引發扭力振盪？又爲什麼會產生縱向振盪（longitudinal oscillation）？既然策動共振意味著策動力和被策動的物體之間某種頻率的契合，你必須說明風如何產生這種契合頻率。

要如何降低一座橋的空氣動力不穩定（aerodynamic instability）？由這座橋的坍塌，得到一個新的造橋特徵，就是橋上路面縱向間隔的配置，也就是正反方向車道之間的安排。爲什麼這個特徵有助於結構的穩定？

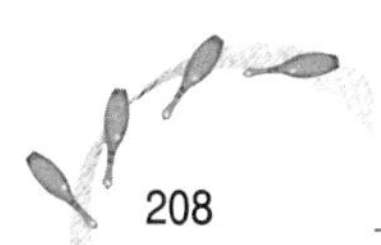

2.85　空氣亂流

凱文—亥姆霍茲不穩定性　對流

爲什麼噴射飛機經常會碰到顛簸狀態？有些亂流只是稍微顚一下而已，有些卻會使飛機上上下下的，就像海上的船一樣。有的甚至使飛機的飛行高度突然改變，駕駛員一時之間根本無法控制飛機。

通常，這些不同種類的亂流都有警示信號，但有些亂流卻發生在幾公里高、完全沒有雲層的清朗天空裡。以前根本不曉得有這種亂流，直到第二次世界大戰末期，噴射機能飛到一定的高度之後，才被人們碰到。晴空亂流（clear air turbulence, CAT）是怎麼產生的？其他種類的空氣擾動成因又如何？爲什麼只在高空才會碰到晴空亂流呢？

凱文（Lord Kelvin, 1824 - 1907），英國物理學家，提出絕對零度的觀念。

亥姆霍茲（Hermann von Helmholtz, 1821 - 1894），德國理論物理、生理學家，提出著名的亥姆霍茲方程（Helmholtz equation）。

Answer

2.84

橋上許多大型的垂直金屬板是引起整座橋振盪的主因。這種板子迎風而立，使得大量空氣被迫分開，繞過板子再通過橋身。板子上、下兩方的空氣壓力因氣流路線改變而降低，使通過的氣流加速。如果板子在風裡完全對稱，則上、下兩方的壓力降完全相同，但風向卻是雜亂地吹向板子，因此壓力會隨時變動。這種壓力在橋的兩側也有差別，而且迎風板子產生的亂流還會使壓差變大。橋頂和橋底的壓力差使橋開始振盪，曠野中的電話線也會出現這樣「狂奔」的振盪，壓力差和氣流產生的旋渦甚至使電話線發出嘯音（見第 II 册 **4.55**）。

2.85

晴空亂流的出現和「凱文－亥姆霍茲不穩定性」（Kelvin-Helmholtz instability）有關。這種不穩定模型，假設有一輕一重兩種流體在一個容器裡，輕者在上重者在下，且兩種流體互相滑動。如果它們之間的相對速率很小，則介面間的任何微小擾動都會很快被消除。但若相對速率較大，則界面間的擾動會使一種流體侵入另一流體之內，造成侵入的流體產生旋渦。大氣中如果有很強的垂直風剪（wind shear，會引發兩層氣流的相對運動），或很大的水平溫度梯度（temperature gradient，會使相鄰的氣層有密度變化），也會產生類似的旋渦。晴空亂流被認爲是發生在界面間的一種旋渦。

2.86　山頂的手錶轉速

凱文—亥姆霍茲不穩定性　對流

爲什麼上發條的手錶，在山頂和海邊的走的速率不同呢？

2.87　水龍頭上的細網

亂流

爲什麼水龍頭的出口要放一個細網？當然它可以攔下水裡的大顆粒物質。但很多人覺得有細網時，水流比較「順」或比較「軟」，爲什麼會這樣？

2.88　快速泳池

亂流　波的干涉

爲什麼有些泳池號稱是「快速」的？它有什麼東西會明顯地影響游泳者的速度？是不同的深度、排水導管、化學添加物，還是什麼？

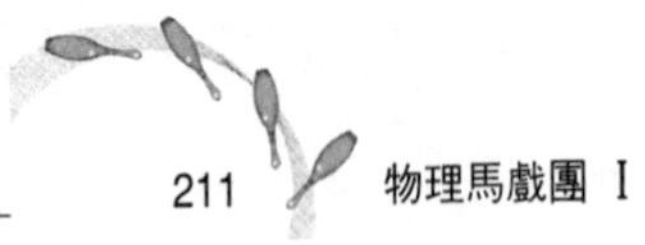

Answer

2.86

山頂上的空氣壓力較低，因此空氣黏滯力也比較小，手錶在山頂上自然走得快些。

2.87

細網會在水流裡產生亂流和成穴（cavitation）現象，乃因水被迫流過很小的孔隙的緣故。而水比較「軟」的感覺可能是由於水裡有氣泡形成。

2.88

據我所知，目前還沒有針對這個問題的系統化研究，雖然有些運動雜誌有提到某些快速泳池和慢速泳池。我猜大概是有些排水管的設計會吸收表面的水波，這樣會消除那些可能影響游泳者的反射波。爲什麼你自己不研究一下這個現象和其他的設計？☺

2.89　水幕振盪

邊緣振盪

當某些水庫的水溢過壩頂流入洩洪道時，流下的水幕往往會有嚴重的振盪。這種振盪產生的噪音，加上水流沖擊壩底的噪音，有時甚至會使附近地區的居民無法忍受。

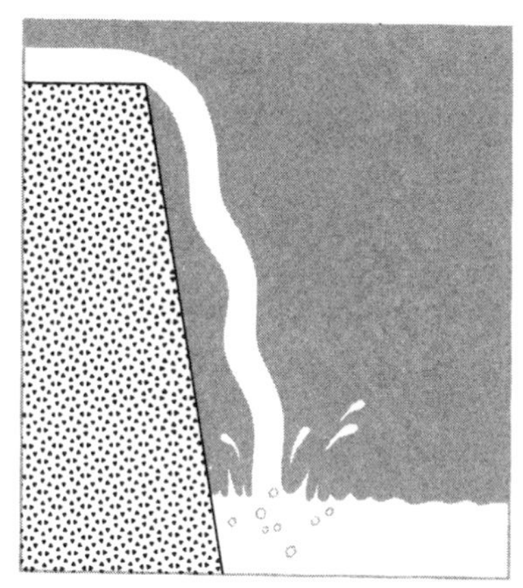

爲什麼會有振盪？怎麼會有這麼多額外的噪音？

2.90　漂流船隻的速率

亂流　動量傳遞　流體靜力

大家通常認爲漂流的船隻走得比水流快。事實上，漂流船隻是能夠操舵的，難道不需要控制嗎？如果一艘船是被水流推著走，它怎麼能走得比水流更快？

Answer

2.89

越過溢洪道的水流與通過物體邊緣的氣流（見第Ⅱ冊**4.56**）類似，都會在流體內產生振盪。在流下來的水柱裡，振盪會產生一個駐波，波長為溢洪道到地面距離的5/4。由於邊緣引發的水流振盪會產生壓力變化，供給共振的能量，水柱的振盪振幅得以成長相當大。這種駐波和瀑布附近的地表振動或許也有點關係。

2.90

針對漂浮船隻走得比水流快的解釋，在水流與船之間相關的動量傳遞的細節部分，目前還不清楚，但藉由簡單地分析作用於船的力，就可以了解船速較快的原因。船的重量垂直向下，又因為水向下游流，所以浮力的方向和鉛直線夾有一個角度，因此船重量在水平面上有個分量。這個分量被水的阻力平衡掉，而船所處的同一地點，也就是船體積所排開的水也會經歷相同的阻力。但因為水會有亂流混合，它比相同速度的固體船隻阻力還要大些。結果，水流阻力平衡掉重量的水平分量後，船隻的速度會快於相同體積的水。

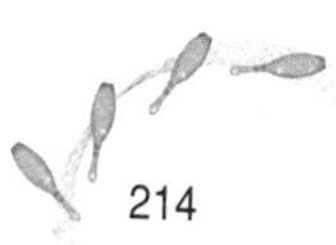

2.91 降落傘洞

旋渦 策動擺

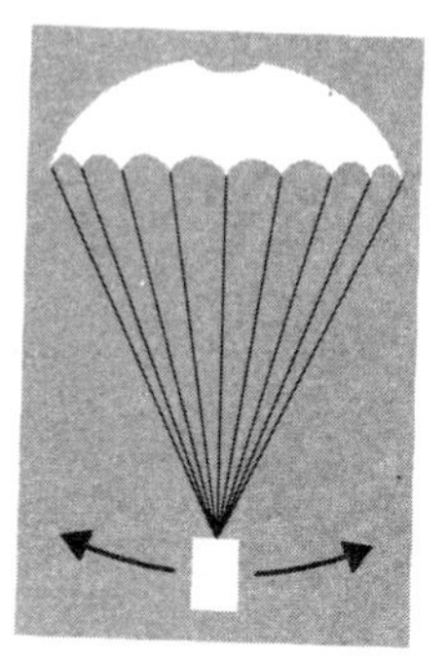

爲什麼降落傘頂中央，通常有個洞，尤其是傳統傘兵所使用的降落傘？這個洞的存在不是很奇怪嗎？它的作用似乎和降落傘的功能相反呀。若這個洞是爲了減少降落傘的阻力，爲什麼不用小一點的傘？

有些非傳統型的降落傘就更奇怪了，需費唇舌解釋一下。例如有些賽車用來減速的裝置，看起來就像個十字形的「大繃帶」。爲什麼有人會用這種「降落傘」呢？它的拖曳力量不是很有限嗎？

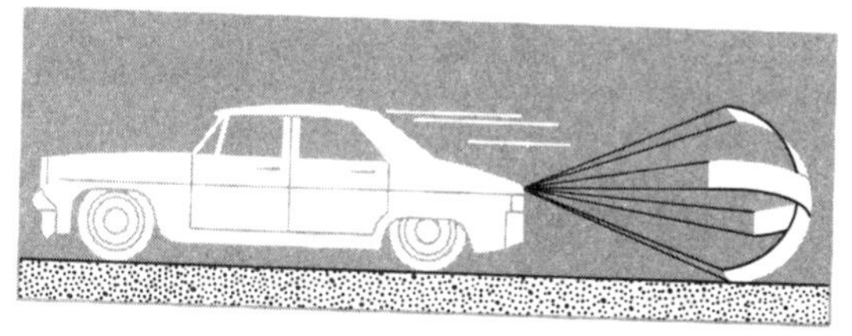

即使風勢不強，人們使用傳統的降落傘降落時，仍會前、後擺動。在著陸時，這種擺動非常危險，但顯然不是有意的。爲什麼會擺動？擺動的週期如何決定？

Answer

2.91

當空氣通過降落傘的外緣時會產生旋渦。由於旋渦在傘的兩側交替產生，且旋渦生成後會使氣壓降低，因此降落傘的兩側一下子這邊壓力低，一下子那邊壓力低，導致降落傘左右搖擺。若這個氣壓變化的振盪頻率和有人降落傘的共振擺動頻率接近，振盪的角度可大到60°。

傘頂中央的小洞可以讓裡面的空氣連續沿著降落傘的中心軸流出去，把上面的旋渦破壞掉。賽車比降落傘本身更不能忍受擺動，因此車後傘的設計要讓更多的空氣能直接通過傘面，進一步減少旋渦。

2.92 雪籬笆的間隙

環繞障礙物的流體　顆粒輸運　旋渦

當你想防止雪飄進道路、鐵軌或走道時，爲什麼要架設防雪籬笆而不是防雪牆？或許防雪籬笆比較便宜，但它有那麼多間隙，防雪牆的效果不是好得多嗎？

2.93 飄雪

環繞障礙物的流體　顆粒輸運

在細竿子或樹旁的飄雪顯然比屋子的迎風面多。爲什麼這類狹窄障礙物四周的飄雪會積得那麼明顯？

2.94 流線型機翼

阻力　旋渦成形

爲什麼機翼的後緣是尖的（說它是流線形還不能完全表達）？爲什麼有些飛機有後掠機翼（swept-back wings），有些則否？

Answer

2.92

牆壁會產生很強的旋渦把雪捲開，而籬笆產生的旋渦就弱得多。若籬笆產生旋渦的空氣速率，低於讓雪飄浮在空中需要的速率，則雪會堆積在籬笆的下風處。

2.93

要讓一件障礙物能把雪「捕捉」住，必須先把雪帶到障礙物旁邊來。風在靠近一個大房子之前的數十或數百公尺就開始分離了，因此很早就把雪轉吹往別方，使它不會堆積在房子前。而小型障礙物，像一枝竿子，對風的分離效應影響小得多，雪就會堆得近些。

2.94

機翼的後端尖銳，才可使機翼上方的邊界層（boundary layer, BL）不會突然分離。如果上方邊界層突然分離，會導致機翼後方產生擾動混合現象，破壞飛機的升力，使飛機失速。

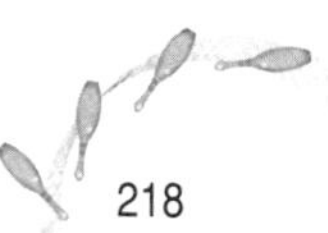

2.95 滑雪空氣動力學

空氣阻力

從空氣動力學的觀點來看，滑雪選手在下坡的比賽中，最好的姿勢是什麼？在奧林匹克這一類的世界級比賽裡，勝負的差別只有0.01秒。因爲這種決定性的需求，選手對比賽姿勢的充分知識，與裝備一樣重要。法國曾進行過風洞試驗，發展出所謂的「蛋姿」(egg position)。雖然這不是減少空氣阻力最有效的姿勢，但卻是在激烈競賽裡可以採用的姿勢。

下面的另外兩種姿勢又如何？在風洞試驗之前，很多選手都本能地採用儘可能低的姿勢，把手臂貼著腿放（左圖）。從這個姿勢演變，高蹲（右圖）的空氣阻力比剛才提到的低蹲小很多，但還是比不過法國的蛋姿阻力小，爲什麼？.

Answer

2.95

有關滑雪者的空氣動力學實在太複雜了，因此在理論上很難有確切的解答。在沒有實驗數據的情況下，應該採取什麼樣的姿勢最好，大半都還是猜測。

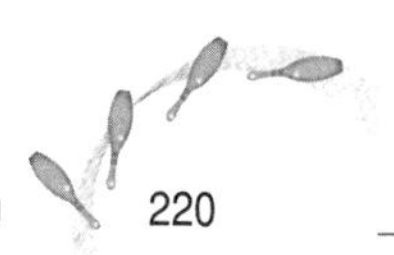

2.96　高爾夫球上的凹洞　空氣阻力

為什麼高爾夫球上有許多凹洞？早期的高爾夫球是光滑的，後來偶然發現，有小凹洞的高爾夫球飛得比沒有凹洞的球遠。若今日的高爾夫球在揮桿之下可以打到230碼，則在相同的揮桿力道下，光滑的球只能達50碼左右。這合理嗎？光滑的球產生的空氣阻力較小，不是應該打得更遠嗎？

現今的高爾夫球——表面不規則間隔著六角形凹洞的小白球設計出來以前，舊式的高爾夫球的表面是規則間隔著圓形凹洞，這個新產品的推出，是因為其聲稱可以比舊式的平均飛行距離多6碼。

2.97　風箏　壓力　穩定性

是什麼讓三角形或四邊形的風箏飄在空中？哪一種較穩定？為什麼有些風箏要有尾巴？最後，下圖的這些引線技巧，各有什麼優點？

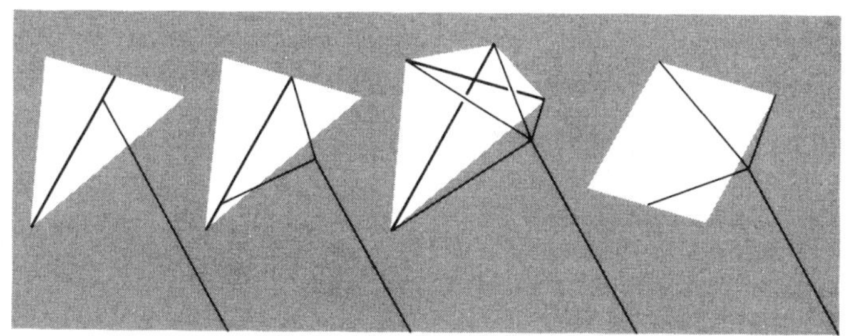

Answer

2.96

球上的空氣阻力來自兩方面：球前、後的壓力差以及球和空氣之間的摩擦力。一個表面光滑的球，球上的邊界層和球分離之後，只有很少的空氣有機會跑到球的後面去。邊界層分離後，空氣形成旋渦，造成球後方的壓力降低。既然球前方的壓力比較大，這個壓力差會妨礙球的前進。表面有些粗糙的球會延緩邊界層的分離，因此球後方的壓力不會減少那麼多，前後的壓力差縮小，由壓力差造成的空氣阻力也因而減少。這就是爲什麼表面粗糙的高爾夫球可以打得比較遠。

2.97

所有的風箏基本上就像機翼一樣，把空氣分離，使風箏上方的壓力小於下方的壓力，讓風箏得到升力（見 **2.31**）。不同的繫繩技巧只是把手裡引線的應力分散到風箏上，並且使風箏穩定而已。例如圖裡後面三種繫繩技巧都比第一種穩定。當然繫線同時也能用來調整風箏進風的角度，也就是風箏與風之間的夾角。在風弱的時候，風箏面對風的角度要大，好分離更多的空氣，得到足夠的升力。風大的時候，角度要小些，因爲只需要分離較少的風。風箏的尾巴除了好看之外，通常有兩個目的，它的空氣阻力使風箏比較穩定，不會因突然的陣風而失去平衡。其次，尾巴的阻力幫助風箏調整受風的角度，可以應付不同的風量。

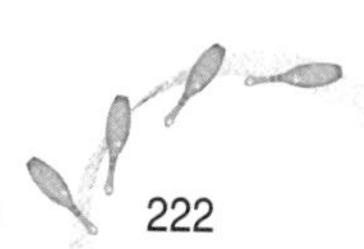

2.98　落毛鳥的飛行

空氣壓力　動量傳遞

鳥怎麼飛？我知道牠們上下拍動翅膀，但這怎麼使鳥翺翔在空中並前進呢？鳥在向下飛衝時，翅膀是向後拍動的吧，使牠向前推進。但在慢動作的影片裡，我們發現向下俯衝的鳥是向前揮翅，而不是向後。

也許鳥類飛行的線索藏在古老的希臘神話裡，傳說伊卡羅斯（Icarus）在手臂上黏上蠟翼飛上青天，但因爲飛得太靠近太陽，蠟翼被融化了，他也墜入愛琴海而死。鳥是不是因爲有羽毛，才得到升力及前進的推力？掉落羽毛的鳥能飛嗎？

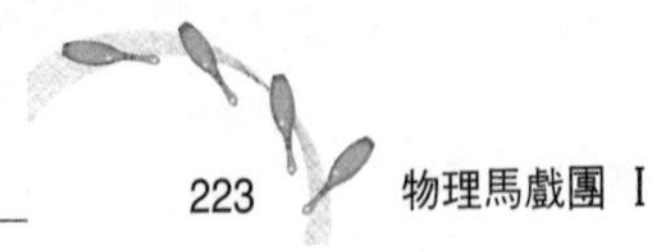

Answer

2.98

鳥的飛行一般靠兩種技巧。牠的翅膀像飛機的機翼（見**2.31**），另外，鳥也可以滑翔（見**2.99**）。但是當牠揮翅前進時，並不是將翅膀向後拍，推動空氣，而是羽毛在空氣中迅速旋轉，具有螺旋槳似的功能。

也許被拔掉羽毛的鳥可以在空中滑翔，但無法靠自己拍翅前進。

2.99　鳥兒滑翔

對流　旋渦　升力與阻力

鳥兒如何能輕易而持續地翺翔？如果說牠們是受到風因樹木或山丘的偏轉往上，才乘著風飛上天，那牠們爲何能在開闊的平原或水體上翺翔？如果牠們是依靠隨高度而增強的風來滑翔，以得到升力，那爲什麼在無風的日子飛翔得更好？最後，若牠們是隨上升的熱氣流而飛，又爲什麼當你看見一群鳥在高空翺翔時，在牠們的上方或下方有另一群鳥，需奮力地鼓翅才能保持飛翔？另外，如果鳥的升力是源於地面產生的熱氣流，那麼大型的鳥在愈接近地面時不是飛得愈省力嗎？但事實上，牠們在靠近地面時絕少滑翔。

有些鳥會追隨輪船，橫越廣闊的洋面，有些藉著船波而得到滑翔的動力。牠們如何做到的呢？

2.100　雲街

滾動旋渦　對流　凝結

有時，天空有長條、直線狀的一排排積雲，稱爲雲街（cloud street）。雲怎麼會這樣排列？特別是一排排之間的間隔又是如何決定的？爲什麼這種雲街不會經常出現？

Answer

2.99

鳥兒和滑翔翼利用兩種技巧滑翔。牠們可以藉偏離向上的風飛行，而風之所以偏離是由於地面的障礙，如山丘和水波等。但在實際的長途飛行裡，牠們是飛進熱空氣的上升氣泡（bubble）中。一旦藉這種氣泡上升後，牠們便可以向下滑翔直到找到另一股上升氣泡爲止。這種氣泡並不是很高的空氣柱，反而是地面空氣邊界層中的熱空氣束縛瓦解後，所形成的一種環形旋渦。旋渦中心是向上氣流，而外圍是向下的（爲**2.74**那種旋渦的顚倒型式），鳥可以藉氣流的上升部分翺翔。

2.100

雲街的形成是來自縱向的一排排旋渦，這種旋渦的中心軸沿著風向，是水平的。當兩排相鄰的水平旋渦中間的氣流是向上時，空氣因擴散而冷卻，它所含的一些水氣就凝結成雲（見第Ⅱ冊**3.24**）。若相鄰旋渦間的氣流是向下的，就不會有雲產生。旋渦的形成則是因氣流的熱循環，熱空氣上升，冷空氣下降的結果，這和下一題中的貝納對流單元（Bénard convection cell）類似。水平的風把這種旋渦延長，形成水平的長條旋渦。

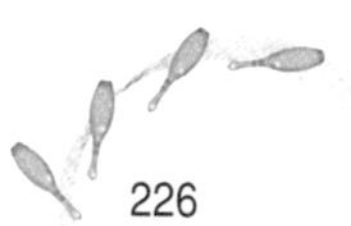

2.101　咖啡上的多邊形裂紋

對流　表面張力　非線性流體　穩定性　凝結

如果你用強光平行地照射一杯熱咖啡的表面，你會發現表面呈一個個多邊形單元。但咖啡一冷，圖形就消失了。你也可以自行破壞這種蜂巢似的圖形，只要把一根帶電的橡膠梳子靠近咖啡就行了（梳子在頭髮上梳幾下就會帶電）。

其他液體也會出現表面結構。十九世紀著名的物理學家湯姆森（James Thomson）注意到，在熱的肥皀水和烈酒表面，圖形的花紋會迅速改變。後來法國流體力學家貝納（H. Bénard）也發現，若在油鍋底部加熱，油表面會出現規則的圖形。這樣的規則多邊形還會逐漸演變，最後變成漂亮的六邊形，類似蜂巢的花紋。

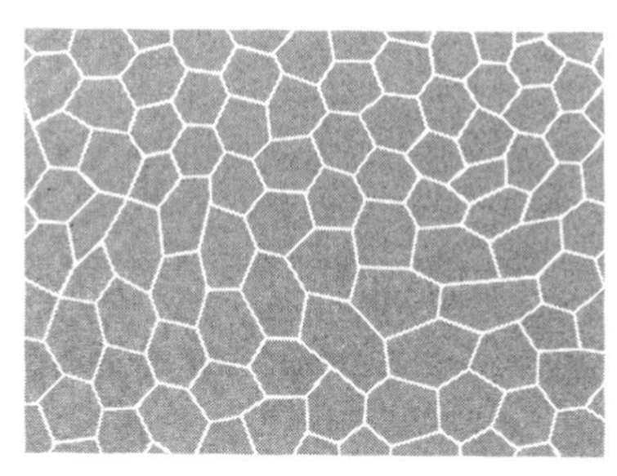

另外有些液體會表現出流雲似的線條。

最近，在無重力的太空船中，已在進行這種表面格狀結構的研究。

在這些例子裡，液體表面爲何會出現雲紋或多邊形圖樣（尤其是六角的蜂巢形）？這些例子裡的物理原因相同嗎？爲什麼帶電物體靠近時，咖啡表面的結構單元會消失？最後，這幾種表面結構和重力有關嗎？

2.102　縱向沙丘

成排旋渦　重力波

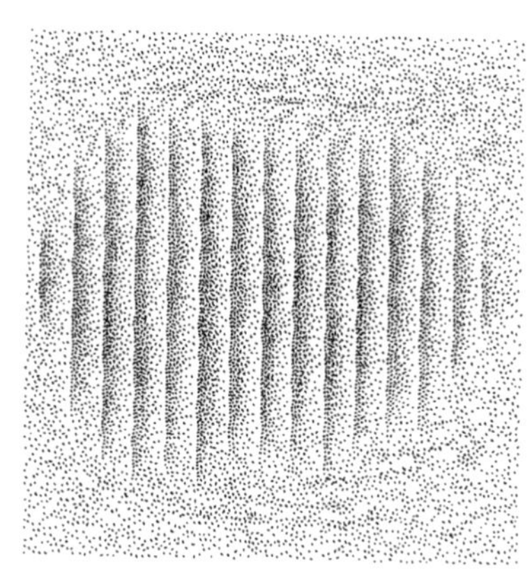

從飛機上俯視沙漠時，會看到奇怪、又長又窄的沙丘帶，大致呈南北走向，整齊地一條條排列著，看起來像很整齊平行的街道。世界上幾乎每個較大的沙漠都呈現這種沙丘帶，間隔寬度約為 1 到 3 公里，而且全是南北走向。

湖面散布的落葉和海面出現的海藻也是帶狀分布，雖然規模小得多，間隔的寬度只有 100 至 200 公尺，而長度最多 500 公尺。

在這些例子裡，長條帶的走向是怎麼決定的？若是風造成的，那麼它的方向是和風向平行或垂直？再者，帶子的間隔寬度如何決定？

Answer

2.101

如果底部流體比頂部熱得多，流體就不穩定，會發生對流作用，熱流體上升而冷流體下降，就會發展出這些圖樣。例如，熱流體由六角形內部上升，而冷流體由六角形的邊緣下降。對特定的溫差與流體，可以用理論得知它的對流型式（是六角形或雲流狀），這便是流體的穩態解。而咖啡上的部分可見「細胞」，是來自懸浮在上升咖啡上的微小液滴。帶電的梳子會擾亂這些液滴，使「細胞」的外觀消失掉。

2.102

縱向沙丘帶和**2.100**中雲街的成因類似，也是空氣中長條水平旋渦造成的。相鄰兩旋渦之間若是上升氣流，則會把沙聚在一起，形成沙丘，而相鄰旋渦之間若是下降氣流，沙就被吹開，無法形成沙丘。因爲全世界沙漠地區的盛行風都是北風或南風，所以沙丘帶大部分是南北走向。

相似的長條帶也出現在海洋的表層，因爲表層海水面下也有類似的長條形漩渦。兩個相鄰漩渦之間的水流若往下降，海藻之類的物質就會聚積於此。相反的，若是水流往上升，海面上就乾乾淨淨，沒有東西。儘管這些縱向漩渦的方向、強度與風之間的關係已經知道，但它們實際的生成機制還不太了解。

2.103 煙圈把戲

渦旋度

在漫漫長夏的鄉間小鎮，日子很難打發，而我爺爺總愛使出吹連續煙圈的把戲。他的簡單把戲之一是把煙圈朝牆吹，當煙圈靠近牆壁時，會愈來愈大。

他最高明的表演是吹一個煙圈，使它穿過另一個大煙圈。在速度較快的煙圈穿過前面的大煙圈之後，會擴大而變慢，這時候最初在前的大煙圈（現在落後）會縮小而加快，又從中間穿過前一個煙圈。兩個煙圈角色互換，落後的小煙圈會追過領先的大煙圈。這種青蛙跳遊戲會一直繼續進行下去，直到煙圈消散玩不成爲止。

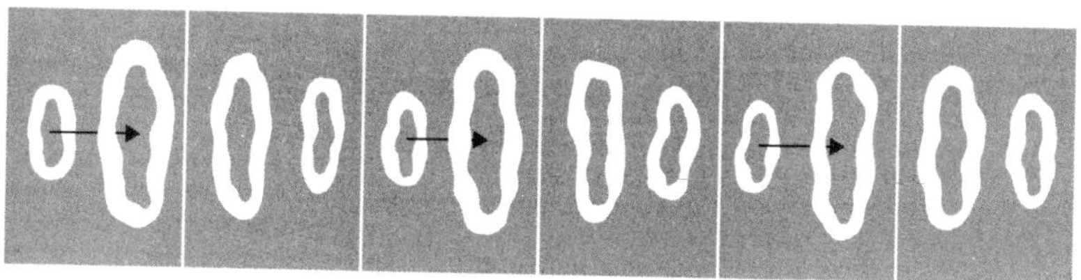

你把染色的水滴入一杯清水，也會發現同樣的現象。當碰到清水表面時，滴下的染色水會形成一個圈，一面擴張一面下沉（見 **2.74**）。若很快地跟著再滴下一滴，它會形成另一個色環且穿過第一個環，兩個環就玩起了追逐遊戲。

煙圈到底是怎麼形成的？爲什麼能保持那麼久？煙圈靠近牆壁時爲什麼會擴大？最後，兩個煙圈或水環爲何會互相追逐？

Answer

2.103

要解釋煙圈靠近牆壁時爲什麼會擴大，我們可以假想牆壁是面鏡子，煙圈接近它時，牆另一面同時有個煙圈的鏡像往牆移動。兩個煙圈流中，垂直於牆面的分量互相抵消，但平行於牆面的分量則相加，因此當煙圈愈靠近牆面時，就會以平行於牆的方式擴大。當然，牆裡面並沒有這裡說的第二個煙圈，但是因爲牆的存在所造成的氣流，就好像有個鏡像煙圈一樣。

至於煙圈多次互相穿越的描述，的確出現在很多文獻中，但這個把戲也許是不可能發生的。在1972年之前，很多教科書都有提到這些現象，但後來航太工程教授馬克斯沃西（T. Maxworthy）用水環很仔細地研究這個反應。

若兩個環開始時的速率大約相等，則後面的環會和前面的環合而爲一，成爲一個分不開的漩渦環。但是若後面環的起始速度比前面的環快很多，兩個環的聯合情況就不穩定，原先落後的環會超前，而將本來超前的環拋到後面。但後環超前之後，它的速率仍維持同樣的速率，或是更快，因此就不可能再互相穿來穿去了。若馬克斯沃西的敘述很完整，則這種多次互相超越的描述正好可以說明，有些教科書只是人云亦云的互相抄襲，根本不去求證。

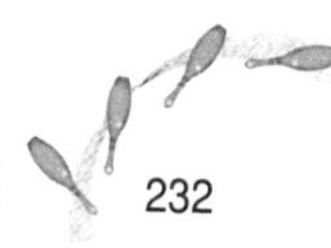

2.104 沙波

旋渦 跳躍

為什麼沙丘的邊緣有波浪狀的沙波（sand ripple）？這些沙波的間隔是怎麼決定的？

溪流的河床上也常覆蓋著這樣一層沙波。是什麼造成這種現象？這些波紋的週期是怎麼來的？若你長時間觀察這些波紋狀的沙，會發現它向上游移動，怎麼會這樣？

2.105 虹吸

液體內的力 成穴 蒸氣壓力

虹吸（siphon）是怎麼作用的？特別的是，如果它和大氣壓力有關，那為什麼有些液體在眞空裡也可以虹吸？它和重力有關嗎？當虹吸管首次低過液面時，為什麼虹吸作用不馬上自行開始呢？是什麼力量將液體對抗重力往上拉過右圖中管子的A-B段？最後，虹吸管的高度限制是多少？特別是當它在眞空中作用時。

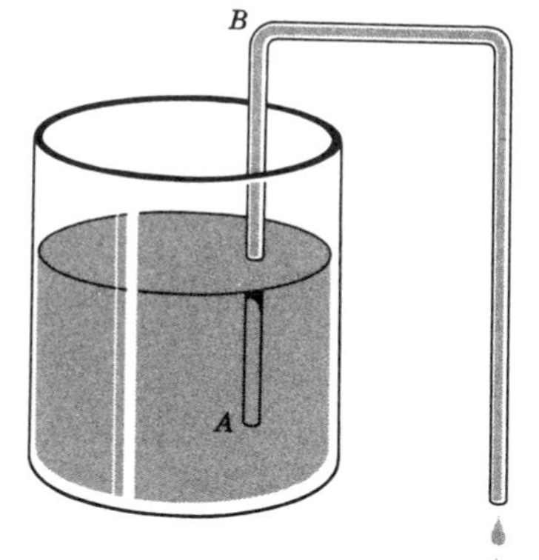

Answer

2.104

在一塊原本平坦的沙地上，風把一些沙子吹起來，然後讓沙粒掉下，而別的沙粒在下次風吹時，經歷同樣的步驟，會飛越過它。結果會使沙粒逐漸堆積起來，最後影響風的運沙能力，並增強沙堆的結構。而沙波的波長約等於沙粒跳躍後沈積下來的平均距離。

河床上的沙波可能也是類似的原因形成的，或者是由漩渦流造成的（見**2.100**及**2.102**）。在後面的情況裡，沙波的走向就是沿著水流運動的方向。

2.105

和一般人想法相反，液體的虹吸作用並不是靠大氣壓力，虹吸作用在眞空中也能運作的事實即是反證。把液體拉上虹吸管的，其實是液體分子之間的作用力。當虹吸作用發生時，出口端的液體比進口端多，重量不平衡的緣故，使液體能往上升，繞個彎再流出來。當液體由進口端往上升時，上升愈高，壓力就愈低。若虹吸的高度太高，流體的壓力會低到能產生氣泡（空氣或其他氣體）的程度。氣泡的出現會破壞流體分子間的鍵結，使虹吸作用瓦解，因此虹吸的高度受到一定的限制。虹吸作用在大氣中比在眞空中效果佳，因爲虹吸管兩端的氣壓會使流體中各點的壓力增加。因此，在大氣壓力的環境下，虹吸管必須超過某一高度後，才會出現氣泡。

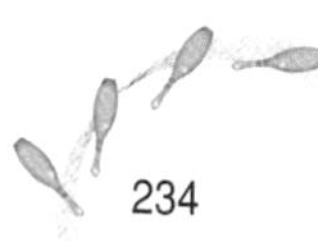

2.106　抽水馬桶

虹吸　隨水流而去

抽水馬桶是怎麼作用的？什麼力量讓馬桶裡的水與「其他東西」沖入水管內（尤其是「其他東西」）？當水箱的水進入馬桶時，只是單純地從上面流下來嗎？爲什麼多數的馬桶裡另有個小孔？

我在寫這本書時，碰巧看到一本極有趣的書《抽水馬桶裡的魔術：克瑞普先生的故事》（*Flushed with Pride: The Story of Thomas Crapper*, by Wallace Reyburn, 1969）。克瑞普是發明抽水馬桶的人。顯然他也對美國語文有貢獻，因爲crapper（廁所，俚語）便是由他的名字來的。

現在你或許覺得沒什麼了不起，但當時抽水馬桶的發展卻相當辛苦，克瑞普和其他人做了一些很認眞的研究工作。當然在實驗過程中，研究人員必須模擬抽水馬桶平常要處理的東西。到了1884年，抽水馬桶的研究工作已到頂點，「超級抽水馬桶可將下列東西完全處理乾淨：

10個蘋果，平均的直徑$1\frac{3}{4}$英寸；
1塊直徑$4\frac{1}{2}$英寸的海綿；
3個空瓶子；
附著一大片油污的盤子；
4張緊緊附著在馬桶表面的紙張。」

——摘自 *Flushed with Pride*

眞是值得誇讚的漂亮技術！

Answer

2.106

所有現代馬桶在下水道和馬桶盆之間都有一段虹吸管。當水倒進馬桶盆時，水位會上升，就等於虹吸管入口的水位上升，最後水會從虹吸管的進口溢出出口，虹吸作用開始發揮（你倒一桶水進馬桶，也可以把廢物沖掉），而虹吸流和沖進馬桶裡的漩渦，會把裡面的污物帶走。

很多馬桶底部多出來的出水口是個入射水流的噴口，設計來增加馬桶盆裡虹吸流的速度與力量。

2.107　前進的沙丘

跳躍　環繞障礙物的流體　摩擦

我本來以爲風會把沙丘吹散掉，但下圖卻顯示出典型的例子：風讓沙丘在沙漠上移動。在移動的過程中，沙丘的特性完整地保留了26年。風到底是怎麼移動沙丘的？

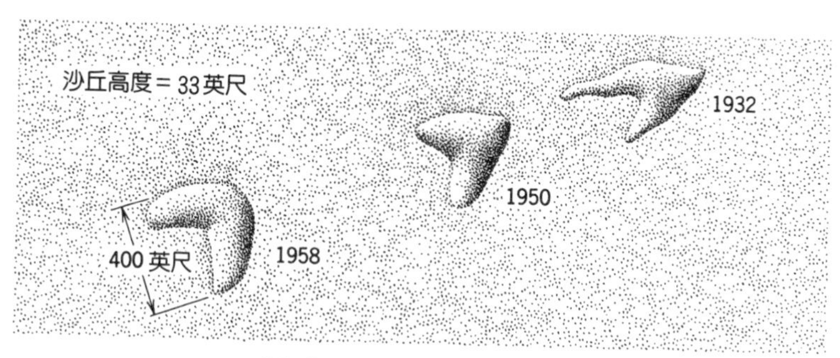

copyright © 1966 by W. H. Freeman and company / J. S. Shelton 繪

2.108　街道上的油漬

水滴空氣動力學

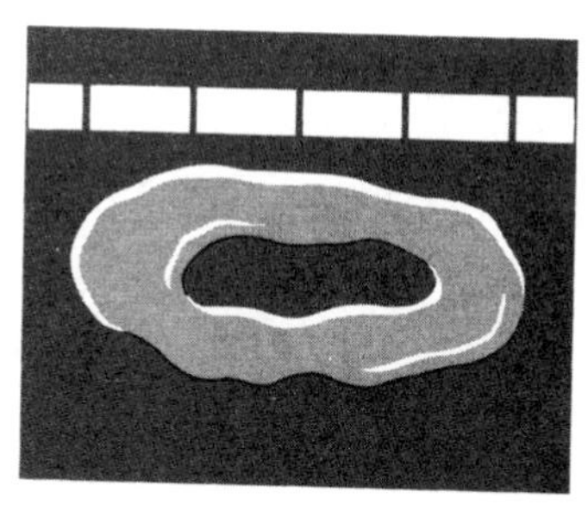

在某些車速很快的道路上，油漬往往是環狀的，中央還保留一小塊沒有沾到油污的路面。但在車速較慢的路面，油漬都是一斑一斑的。爲什麼會有這種環形的油漬？車子要跑多快才會形成這種油漬？

Answer

2.107

風（由圖右上方往左下方吹）把沙丘迎風面的一些沙粒搬過沙丘，再掉落到背風面去堆積。雖然過程很緩慢，但它的淨運輸（net transport）卻使得整座沙丘慢慢地往順風方向移過去。

2.108

當油滴離開汽車之後，空氣阻力會拉張它，使油滴像廚師帽子似地膨脹開來，最後膨脹起來的中央部分會破裂掉。當油滴落在地上之後，就成油炸甜甜圈的樣子。

2.109　湖面線條

表面膜　邊界層

在各地湖泊或河流的表面，你可以看到一條很細的線，幾乎快看不見的一絲細線。如果水在流動，這條線會更淸楚，因爲線的某一邊會有狹長的隆起。你認爲這條線是什麼？而狹長的隆起又是怎麼來的？

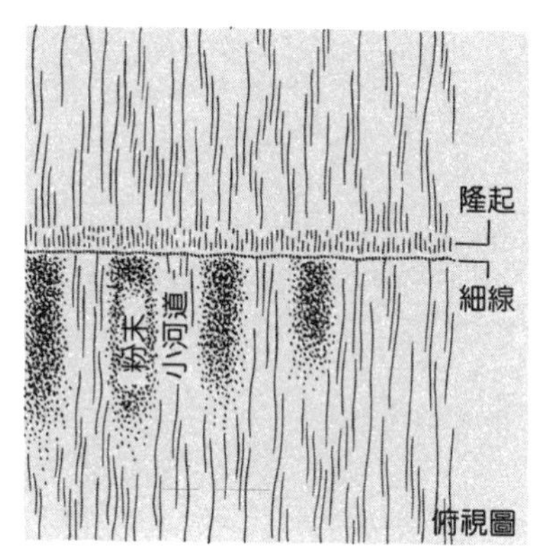

若在隆起部分上灑一些粉末，則在線的另一側會顯現出二維的流體形態，像是街道般的垂直小河道。這種形態是如何產生的？

2.110　牛奶的清晰帶

表面膜

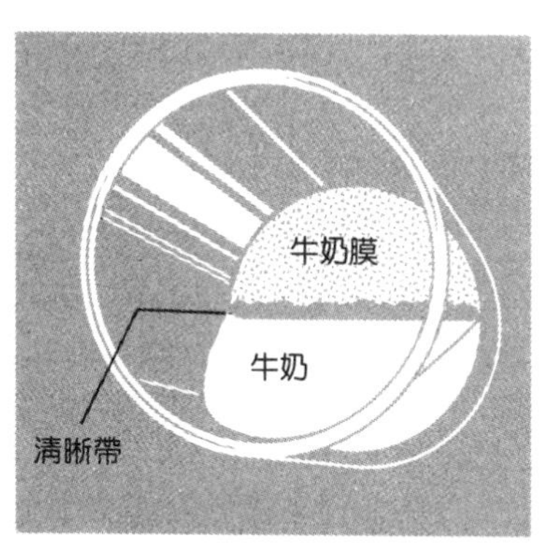

下次你沖泡牛奶時，試著把玻璃杯傾斜，看看牛奶邊緣的牛奶膜（mill film）。在杯底的牛奶膜與剩下的牛奶之間有一淸晰的條帶，大約幾公釐寬。爲什麼有這淸晰條帶存在？

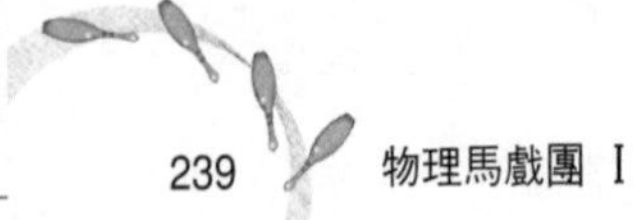

Answer

2.109

這些細線是表面膜（surface film）下，被水流的黏滯力（viscous force）推擠出來的微小突起結構。

2.110

文獻上只記載有這條清晰帶的敘述，但沒有任何解釋。你可以試驗各種流體與溶液，進一步了解這種效應。☺

2.111　在水面滴橄欖油

水波　表面張力

有一本書描寫阿爾巴尼亞人夜間在潟湖裡刺魚的情形。要刺魚，水必須清澈、平靜，因爲即使是微風都會讓水裡的魚影像扭曲，破壞目標，使漁夫無功而返。但漁人也有應付的方法，就是在水面上滴幾滴橄欖油，這樣就不怕微風了，爲什麼這麼做能讓水面平靜？

2.112　海洋的生物條紋分佈

內波　波的衰減

海洋裡生物活躍的區域常被一些長又寬的條紋所覆蓋，這條紋是有機物形成的一層薄膜，可以壓制水的波紋。當光線條件正好的時候，景象非常漂亮。

有機條紋顯然與 **2.102** 中，風造成海藻分布的情況無關，它們在微風裡最好看，在強風下則不然。（微風其實沒什麼功用，只是增加有機條紋與水紋的對比而已。）什麼原因讓有機物形成這種條紋帶？

2.111

油會在水面上形成薄膜，這層薄膜的表面張力不是固定的，會隨著膜的伸展或壓縮而改變。通過薄膜的水波會交替地伸展與壓縮此膜，因此薄膜對底下的水波有一股切線方向的阻力。這股阻力使水波的能量迅速消散掉，水波很快就平靜下來。

2.112

水面上的油膜會聚在一起，使油膜下的小波消除，產生水面平靜的條紋或碎片（見上一題解答）。而油顯然來自矽藻（diatom），有油可以協助它漂浮，並構成一種有機食物。如果風較強，油漬區塊會自己排成長條形，就如同**2.102**所討論的。

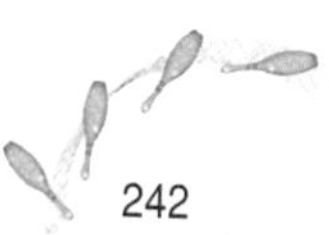

2.113　牛奶滴的濺開

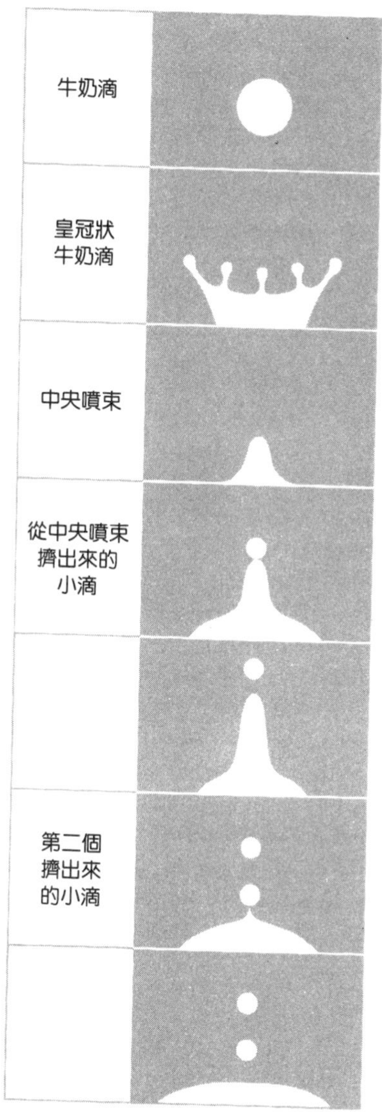

內波　波的衰減

當一滴牛奶掉入液體表面時，會向上濺起一個火山口的形狀，最後破碎成皇冠狀的結構。當這個皇冠下落時，皇冠的中心會有一股液體突出（稱爲瑞立噴束，Rayleigh jet），它會再往上擠，形成幾粒小水珠。爲什麼濺起的「火山口」會破碎成「皇冠」？爲什麼會有中央噴束，又再形成幾粒小水珠？這部分特別需要解釋。若在外太空做一樣實驗（沒有重力），會有相同的潑濺形式嗎？事實上，牛奶會濺起來嗎？

Answer

2.113

不論是「皇冠」或中央噴束的分離，都是水面不穩定波的放大結果。以「皇冠」來說，水波是圍繞在環狀波邊緣。

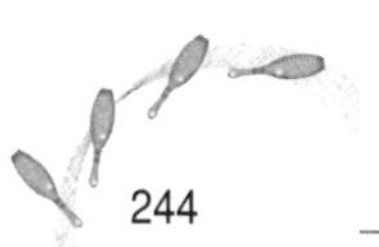

2.114　水鐘

表面張力　壓力　離心力

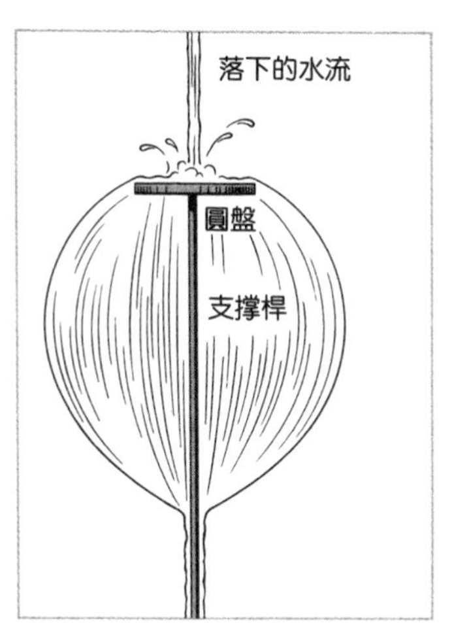

當水流直接落在一個圓盤的中央時，水會由圓盤四周流下，形成一道透明的水幕。這個水幕後來可能再向中央的支撐桿靠攏，形成一個漂亮的鐘形。爲什麼水幕會這樣收斂回來，是什麼決定水鐘的實際形狀？

2.115　水流的聚合

表面張力　動量守恆　水波

在鐵罐的一側，打幾個和底部平行並相鄰的洞。把罐子裝滿水，然後用手指擋一下洩漏出來的水流。由於某種原因，水流會匯聚在一起，即使手指移開也一樣（右圖）。它們爲什麼聚在一起？

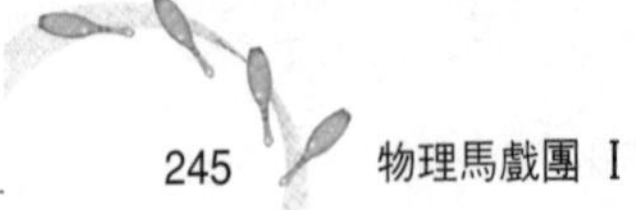

Answer

2.114

水的表面張力使它能保持薄薄的一層，並且把它拉回圓盤下的中央支柱上。

2.115

是表面張力把水流匯聚在一起。

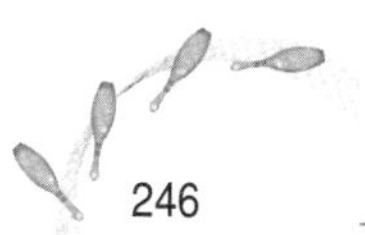

2.116　水盤

表面張力　動量守恆　水波

若兩股水流面對面碰在一起，會形成一個薄薄的水盤。爲什麼水柱會形成水盤而不直接崩潰掉？爲什麼水盤在距離碰撞點特定寬度後會崩潰掉？

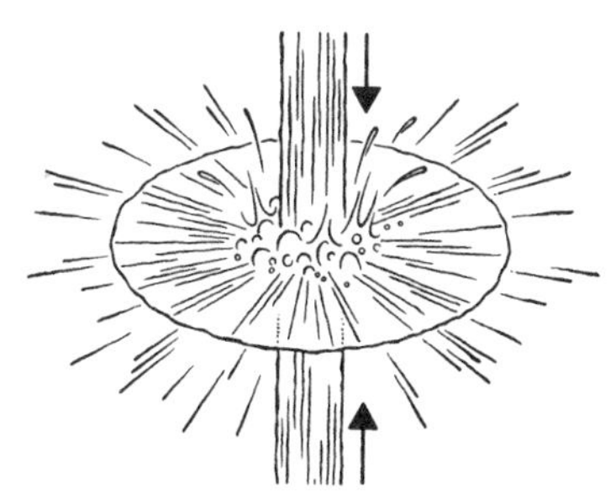

水盤邊緣的形狀及其穩定性可分成三類，主要是受水流速率的影響，當然還有一些次要因素。低流速時，水盤是圓形的，而且很穩定。流速較高時會產生兩種特徵：水盤邊緣會有尖端突起，盤面上也會有波紋。流速很高時，盤面會像風中的旗幟，拍動起來。大體而言，這些差別是怎麼產生的？

2.117　胡椒粉和肥皂

表面張力

若在一碗水裡灑一些胡椒粉，然後丟一小塊肥皀進去，胡椒粉會立刻被肥皀「推開」，爲什麼？你認爲胡椒粉移動的速度有多快？

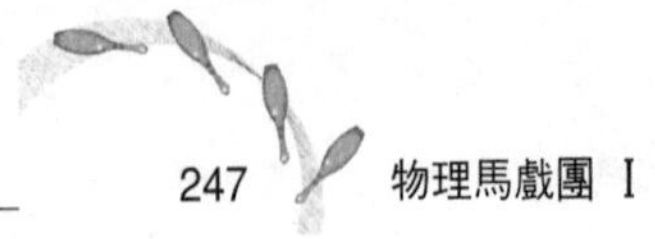

Answer

2.116

若兩股水柱完全相等，則它們的垂直動量在碰撞時會完全抵消，而在碰撞點產生的壓力會把水往橫方向送出，形成水平的薄膜。如果這層水膜上出現小洞，則由於表面張力會使破洞變大，水膜就瓦解了。

2.117

當肥皀膜形成並且在水面擴張開時，原來有胡椒粉的表面膜就被壓縮變小。

2.118　罐子倒水

白努利效應　邊界層　壓力差

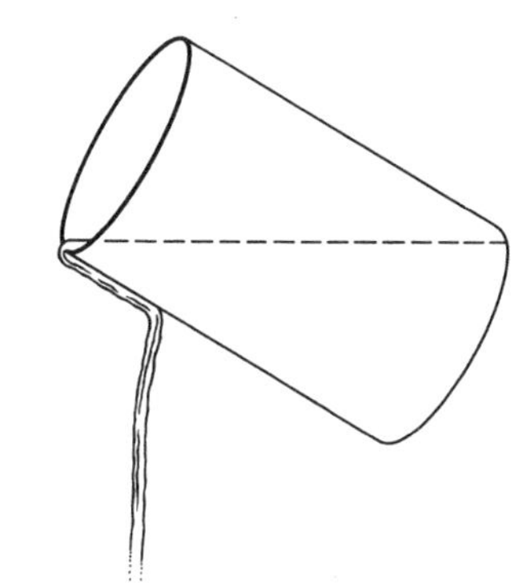

當我倒啤酒時，爲什麼啤酒會沿邊緣流下來，而不是直接從杯口流出？什麼因素決定啤酒沿著邊緣流出的距離？若我不想讓啤酒「黏在」杯子上，應該倒多快？

你一開始可能認爲這是表面張力造成的，或是液體對容器的附著（adherence）。但其實兩個原因都不是，那麼，到底是什麼呢？

2.119　威士忌水珠

表面張力　薄膜爬行

倒一丁點威士忌在玻璃杯裡，你會看到一層水膜沿杯緣往上爬行，然後在邊緣形成一圈水珠。爲什麼水膜會爬得這麼高？

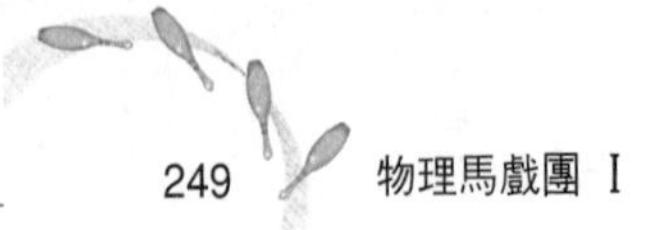

Answer

2.118

液體能穩定地沿著杯子口流下來，是因爲液體本身沿著杯口的壓力並不相同。一個理想的不可壓縮液體在圓形路徑上流動時，半徑小的地方速度比較快。因此，依據白努利原理，半徑小的流體壓力較低。流體外面的大氣壓力比杯子邊緣的流體壓力大，因此讓流體順著杯壁流下來。直到在杯壁上的某一點產生小擾動，使流體不穩定而離開杯壁垂直流下。

2.119

之前，大家都以爲烈酒杯上形成的水珠是來自表面張力，把溶液沿杯緣往上拉，然後酒精蒸發掉，留下水滴。直到洛溫索（M. Loewenthal）發現集中在杯緣溶液膜上的水，其實是室內空氣中水分的凝結。而且，讓薄膜之所以沿杯緣爬上去的，並不是表面張力的作用，而是緊鄰玻璃的液體分子產生的壓力。

2.120　車子的滑行

表面張力　薄膜爬行

當你開車在溼路上高速行走時，若把煞車踩死，車子就會像滑水板那樣滑行，也就是輪胎會在一層薄薄的水膜上滑行，而不是眞正的碰到路面，爲什麼會這樣？在溼路上若不踩煞車的話，爲什麼不易打滑？胎紋上有什麼設計可以減低打滑的程度？

2.121　漂浮的水珠

表面張力

大家常看到水珠飛掠過水面，幾乎奇蹟似地，逃過水體的「吸納」。是什麼力量避免水珠及時被水吸收？

Answer

2.120

車胎在設計上有幾個地方就是用來防止它在水膜上打滑的。縱向胎紋可以把水引到輪胎與路面接觸區域的後方，然後向後射出。而一些短的橫向胎紋可以把水往兩邊排。最後，胎面上還有些小洞，可以吸取一些與路面接觸區域前方的水層。所有這些設計，重點都是快速地把水排開，避免輪胎打滑。

2.121

水滴的支撐力並不十分清楚，但一般認爲是水滴中的水分子與水體之中水分子間的電斥力（electrical repulsion）。水分子中，占有兩個氫原子的地方帶正電，而氧分子的所在則呈負電性。若水滴底部表面和對應的水體表面分子的電性相同，則兩個表面會互相排斥。若下面的水體是過熱的，則會出現另一種支撐力，這時候水滴底部表面的蒸發，提供了連續支撐它的水氣膜（見第Ⅱ冊**3.65**）。

2.122　濃湯漩渦的反轉　非牛頓型流體

下次你煮番茄湯時，先用湯匙在鍋裡好好地攪拌一下，然後取出湯匙。正如你所想的，湯會停止打轉，但在最後的幾秒鐘，湯會反向旋轉，爲什麼這樣？

2.123　跳躍的液體　彈性流體

有些洗髮精（和另外一些液體）展現出一種很奇怪的跳躍傾向，當把它倒進一個半滿的碟子時。若流下來的液柱夠細，液體會在落點的旁邊形成一個小隆起。接著液體會向後跳開，離開液面。每次發生這種跳躍時，旁邊的隆起會消失，而在另一次跳躍發生前，隆起又會出現。

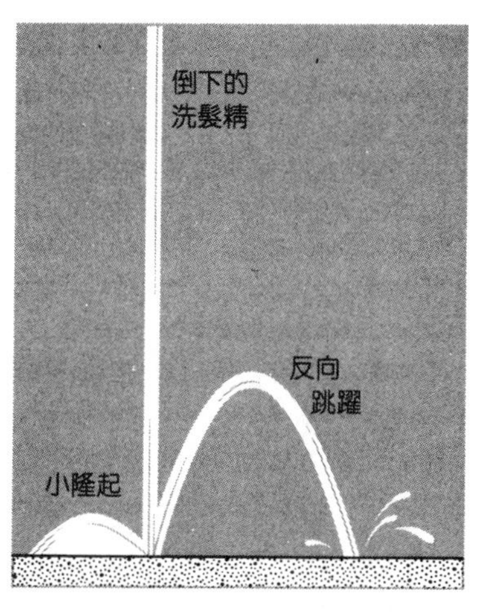

是什麼產生這樣的隆起及跳躍？能表現出這種特性的液體，有什麼特性？

Answer

2.122

濃湯的逆轉是黏彈性流體（viscoelastic fluid）一種彈力回復的例子。當鍋邊的摩擦力使湯幾乎停止轉動時，它的表面部分在下半部湯已經停止轉動後，還會繼續旋轉一會兒。這時候上半部會被其與下半部流體之間的彈力拉回來，漩渦暫時逆轉。平衡位置之間的振盪原會繼續下去，但是湯太濃稠了，它的黏滯力幾乎把振盪立刻消耗掉。

2.123

這種效應稱爲凱氏效應（Kaye effect），和流體的彈性有關，但它的眞正原因還不很淸楚。科伊爾（A. A. Collyer）認爲跳躍的產生是當流下來的液體碰到下面「堆積」的液體時，它的黏滯性迅速改變所致。會表現出凱氏效應的流體顯然都是弱剪力流體，也就是當它被剪力作用時，這種流體的黏滯力會降低（參見 **2.126**）。在流體落下的過程，並沒有被剪力作用，因此黏滯性很大，但接觸到下面的流體時，速度立刻改變，在流體內產生很大的剪力，黏滯性大爲降低。同時因爲彈性的關係，流體就反跳起來。

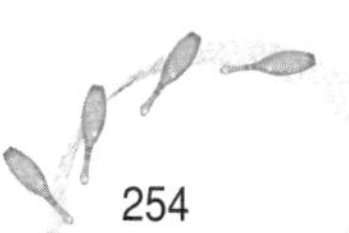

2.124　爬桿的蛋白　韋森柏效應　黏滯性　應力

把一杯水放在旋轉的轉盤中央，由於離心力的關係，水面會向杯緣上彎。若玻璃杯不動，把一根棒子插入杯子中心並攪拌，水也會形成相同外貌。

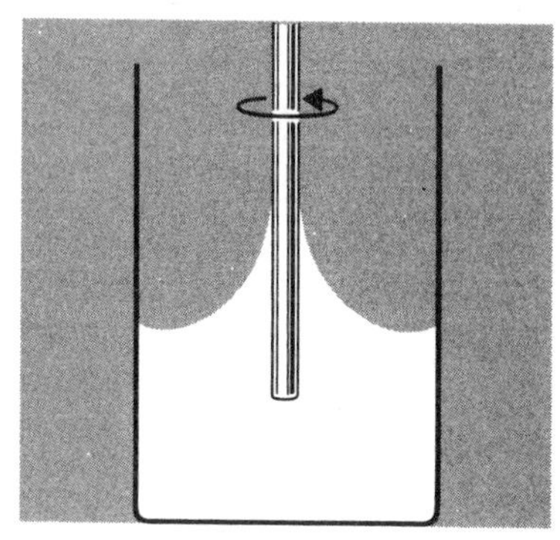

但是並不是所有液體都這樣。例如旋轉台上的蛋白，液面彎曲的情況確實和水類似，但若是插入攪拌棒，情形就很奇怪了。蛋白不再向著杯緣上彎，反而向內爬上桿子。

溶在熱水裡的明膠（gelatin，俗稱吉利丁，用在果凍、慕思裡作爲凝固、結凍的材料），起初的反應也很正常，但在混合液冷卻後，也表現出這種奇異的爬桿本領。因爲桿子在攪拌中，液體裡仍有離心力，所以一定有個更強的力把液體拉上桿子，這是什麼力？

Answer

2.124

當黏彈性流體旋轉時，流體的水平方向剪力會在圓形路徑的周圍產生應力，把流體往旋轉中心壓縮。在一般流體裡（牛頓型流體，Newtonian fluid）不會產生這種應力。結果就像這裡描述的，把流體往旋轉中心推，讓它爬上桿子。

📖 韋森柏效應（Weissenberg effect）描述的就是本題的現象——非牛頓流體所表現的現象。

📖 非牛頓流體（non-Newtonian fluid）是流動行為與牛頓流體全然不同的流體，也就是切應變率和對應的切應力不成正比的流體。

2.125　液體繩圈　黏性液體流

當你從一個適當的高度倒重油、蜂蜜或巧克力糖漿在盤子上時，這些流體會在堆積到一定高度後盤繞起來。爲什麼會發生這樣的盤繞，什麼因素影響它的直徑與高度？而它形成的速率如何？

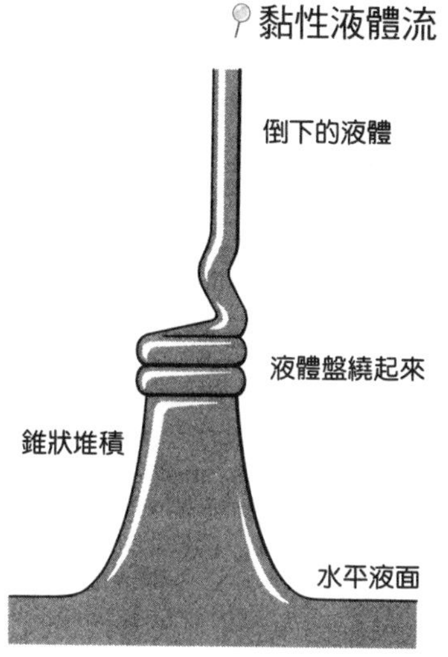

2.126　搖變性人造奶油　黏滯性　剪力　溶膠—凝膠變化

很多家中常見的流體若是沒有搖變性（thixotropy），會變得毫無用處。這種搖變性使它在橫向的剪力之下，黏滯性會降低。例如人造奶油，若沒有這種特性，則在室溫之下將無法用刀子好好把它抹開。搖變性對表面漆來說也很重要，油漆要夠黏，才能刷出光滑的表面而不會四處流動。當刷子在刷動時，它的黏滯性必須降低，不過刷上之後，黏滯性又要迅速增加才不致四處流動。另外還有許多這種流體，如：蕃茄醬、明膠溶液、果凍、芥末醬、蛋黃醬、蜂蜜和刮鬍膏。什麼效應使這些液體結構在受到剪力時，黏滯性會下降？

Answer

2.125

流下來的流體會壓縮使流體塌垮，而在這種情況下，流體不會破裂，底部的流體會逐漸向外擴展，上面繼續落下的流體便開始盤繞堆積，「繩圈」的底部就逐漸溶入流體的主體之中。

2.126

對於某些流體在受到剪應力（水平應力）時，黏滯性爲何會突然降低，目前還沒有充分的解釋。很多人認爲在受到水平應力時，這種流體的分子結構改變了。例如長分子可能隨應力的方向伸展，造成黏滯性降低，一旦應力作用去除後，分子又回復它原來的排列方向，黏滯性因而恢復。

2.127　擠型膨脹的灰泥

凝滯性　應力

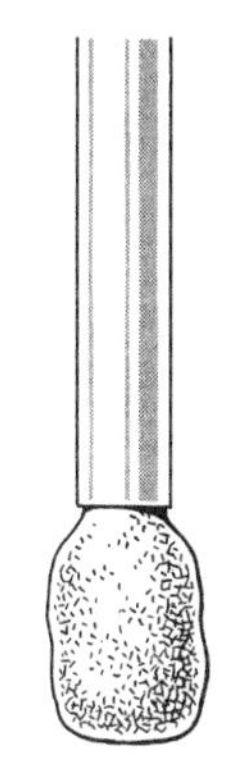

你知道有些流體從管子裡被擠出來的時候，體積會改變嗎？大多數的流體都不會，當它們被由管子擠出來的時候，直徑和管子的內徑相同。但有個例外，就是一種可以在玩具店裡買到的矽泥，稱爲「魔術泥」(Silly-Putty)。把一根小管子裝滿這種灰泥，靜置片刻，然後把它擠出管子。當它跑出來的時候，會顯著地膨脹。

這種效應稱爲擠型膨脹（die swell），顯然是起因於這種灰泥的某種特性。但它膨脹的確實原因是什麼？還有什麼流體有類似反應？爲什麼不是所有的流體都這樣？

2.128　跳躍灰泥

凝滯性　應力

矽灰泥還有很多其他流體沒得比的獨特性質。用鐵錘敲它，它會粉碎掉；把它揉成一個球，它的彈性比橡膠球還好；把這樣一個灰泥球擺著不動，它會漸漸扁平。顯然它有一些像液體的特性，但面對外力則需要一些反應時間。快速敲擊會使它粉碎，而慢一點兒的敲擊反而會使它彈開，長期受到重力作用則會使它流動。灰泥的結構裡到底有什麼東西決定了它的反應時間？

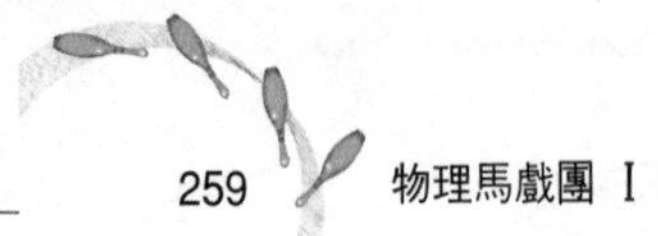

Answer

2.127

當灰泥突出管口時，黏彈性流體的內部應力會釋放出來，使它膨脹。這種釋放壓力與緊接著的膨脹，被認爲是灰泥經過管子時，分子被迫伸長。當它們跑出於管口之後，分子會收縮回來，因此整個流體就鼓了起來。

2.128

參見 **2.129**。

2.129　自虹吸流體

虹吸　彈性

有些流體，例如水中的聚乙烯，你只要開始時把它倒一點出來，它便會把自己虹吸出容器外。

是什麼把這種液體拉起而流出容器？又是什麼使液體流凝聚不散開？

2.130　流沙

靜流體壓力　黏滯性

如果你發現自己不小心陷入流沙裡，最好的辦法是背朝下躺下去，爲什麼？（一旦你躺下身，把腿拔出來之後，就可以朝「岸邊」慢慢滾過去。）如果你必須把自己、別人或動物拉出流沙，爲什麼最好慢慢拉？當你拉快些時，黏滯性會改變嗎？爲什麼？又爲何深陷流沙的人或動物，眼球會突出？

Answer

2.128、2.129

這兩個例子都是呈現流體彈性恢復的情形。矽灰泥有很強的黏滯性，但在慢速施加剪力的情況下，它的黏滯性會降低，而在高剪力下它會碎裂。

本題的解答另可參考《固、特、異的軟物質》（天下文化出版）一書第三章〈無管虹吸與跑得太快的船〉。

2.130

流砂的黏滯力在剪力下會增加，因此想使自己快速脫困是不可能的，你對流砂施加的剪力愈大，它愈緊緊困住你。儘量緩慢移動，使流砂的黏滯性儘可能的低。陷入砂中的動物雙眼突出，是因爲流砂的密度很高，對動物下半身有很大的流體靜壓力（水與砂混合比純水更密實）。

2.131 不混合的染色溶液

液體流 擴散

如果一滴染料以旋轉的方式混合在溶液中，有什麼方法使它回到混合前的狀態？

在兩個直徑幾乎相同的同軸圓柱體之間倒入一些甘油，然後再小心滴入幾滴染料。轉動裡面的圓柱約十圈，使染料均勻混合。但若你再把內圓柱以反方向轉相同的圈數，染料幾乎會回復到它初時的分布狀態，爲什麼？若你等太久才轉回去就無效了，又是爲什麼呢？

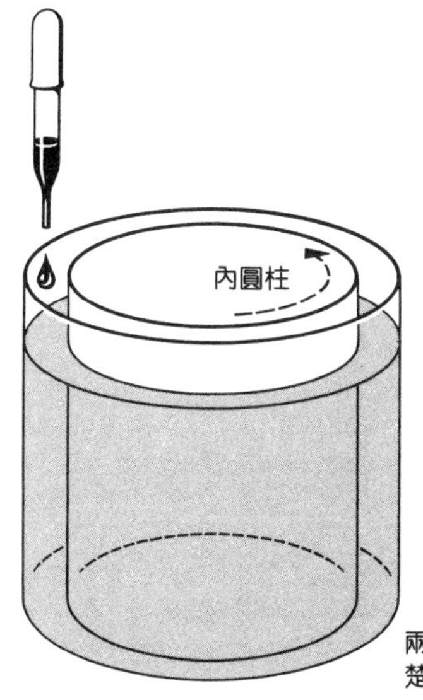

兩圓柱間的距離，爲清楚表示而誇張地放大。

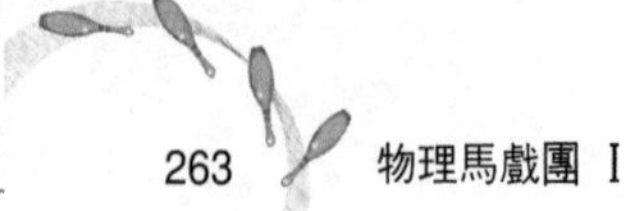

Answer

2.131

若圓柱轉得很慢，染料只隨著一圈圈轉動，在很薄的一層裡呈螺旋形向內暈開。倘若在染料分子擴散（分子的熱運動）之前，反轉內圓柱相同的圈數，則幾乎能把轉開的染料（螺紋）再還原回去。

附錄

圖片來源

索引

圖片來源

英文原著附圖，作者提供：

1.6, 1.16, 1.17, 1.18, 1.22, 1.25, 1.27, 1.29, 1.30, 1.33, 1.37, 1.40, 1.44, 1.50, 1.51, 1.55, 1.58, 1.60, 1.61, 1.62, 1.63, 1.67, 1.69, 1.70, 1.71, 1.72, 1.73, 1.76, 2.11, 2.16, 2.17, 2.18, 2.20, 2.21, 2.22, 2.23, 2.24, 2.26, 2.28, 2.31, 2.35, 2.36, 2.37, 2.38, 2.43, 2.49, 2.52, 2.55, 2.56, 2.58, 2.59, 2.60, 2.64, 2.65, 2.66, 2.72, 2.74, 2.77, 2.80, 2.81, 2.89, 2.91, 2.95, 2.97, 2.101, 2.102, 2.103, 2.105, 2.108, 2.109, 2.110, 2.114, 2.115, 2.118, 2.124, 2.127, 2.129, 2.131

英文原著附圖，S. Harris 繪：

1.3, 1.64, 2.31, 2.40, 2.83, 2.98

英文原著附圖：

1.28：取材自Wham-O Manufacturing Co., 1970

1.68：取材自American Journal of Physics（Vol. 5, p. 175, 1937）, R. W. Leonard

1.31：取自The Saturday Evening Post

2.6：取自Mathematical Games， Martin Gardner提供

2.8：取自Mathematical Games， Martin Gardner提供

2.9：取材自American Journal of Physics（Vol. 23, p. 113, 1955）, L. E. Dodd

2.29：Field Enterprise，John Hart提供

2.46：取材自Physics Teacher（Vol. 9, p.10, 1971），V. A. Tucker提供

2.47：取材自American Journal of Physics（Vol. 25, p. 466, 1957）, H. D. Keith

2.75：取材自Weather（Vol. 27, p. 33, 1972）, C. W. McCutchen

2.80下圖：取材自Journal of Fluid Mech.（Vol. 22, p. 709, 1965），
K. O. L. F. Jayaweera、B. J. Mason

2.101第一圖：取材自American Scientist（Sept.-Oct., p.59, 1971）, V. J. Schaefer

2.107：W. H. Freeman and Company，John S. Shelton提供

2.113：取材自Science（Vol. 155(3766), p. 1112-1114, 1967）, P. V. Hobbs、
A. J. Kezweeny

2.116：取材自Proc. Royal Soc.（A 209, p.1, 1960）, G. I. Taylor

2.123：取材自Nature（Vol. 197, p. 1001, 1963）, A. Kaye

2.125：取材自American Journal of Physics（Vol. 26(4), p. 205, 1958），
G. Barnes、R. Woodcock

中文版附圖，江儀玲 繪：

1.4, 1.9, 1.11, 1.14, 1.20, 1.23, 1.26, 1.36, 1.38, 1.41, 1.78, 2.5, 2.12, 2.39, 2.44, 2.63, 2.67, 2.69, 2.92, 2.111, 2.120

索引

一劃

Fata Morgana 5.8
U形管 (u-tube) 3.16
V-2火箭 (V-2 rocket) 4.69
V字形 (vee formation) 2.76

二劃

X射線 (X-ray) 5.127, 7.16
人造奶油 (margarine) 2.126
力矩 (torque) 1.23, 1.24, 1.31, 1.35, 1.39-1.41, 1.44-1.46, 1.49-1.51, 1.56, 1.58, 1.75

三劃

三維知覺 (tree-dimensional perception) 5.133
叉子 (fork) 5.95
土撥鼠 (prairie dog) 2.28
大氣物理學 (atmospheric physics) 2.68, 2.71, 2.85, 3.83, 3.97, 4.28, 4.29, 4.34, 4.36, 4.38, 4.73-4.76, 5.7-5.9, 5.13, 5.17, 5.18, 5.50, 5.58-5.65, 5.99, 5.100, 5.102, 5.107, 6.25, 6.30-6.34
大氣壓 (barometric pressure) 2.14
大砲 (artillery) 1.52, 4.29, 4.65, 4.69, 4.76
子彈 (bullet) 1.49
小船 (boat) 2.7, 2.33, 2.45, 2.47, 2.90, 3.77,
小提琴 (violin) 4.10
山 (mountain) 1.78, 3.22, 3.60, 5.7

四劃

不明飛行物體 (UFO) 7.1
中暑 (heat stroke) 3.90
井 (well) 3.4
五弦琴 (banjo) 4.8
反日華 (anticorona or brocken bow) 5.79
反暉 (Gegenschein) 5.76
化油器 (carburetor) 3.53
天空亮度 (sky brightness) 5.64, 5.66
天空偏振 (sky polarization) 5.50, 5.55-5.57
天空顏色 (sky color) 5.58-5.62, 5.68
天頂藍 (zenith blue) 5.61
天線 (antenna) 6.28
太空 (space) 3.82, 3.85
太空溫度 (temperature of space) 3.82, 3.85
太陽眼鏡 (sunglasses) 5.49, 5.112, 5.118
孔特管(Kundt tube) 4.48
巴拿馬運河 (Panama Canal) 2.4, 2.5
幻日 (sun dog, mock sun or parhelia) 5.44
日耳 (Lowitz arc) 5.46
日沒 (sunset) 5.17, 5.58, 5.60-5.62, 5.100
日柱 (sun pillar) 5.43

日冕 (corona) 5.80, 5.81, 5.83
日焰 (solar flare) 7.14
月球 (moon) 1.75-1.77, 2.52-2.54, 5.13, 5.18, 5.37, 5.69, 5.84, 5.134, 5.136, 7.2
比爾定律 (Beer's law) 1.53
毛細作用 (capillarity) 3.38, 3.100-3.106, 3.109, 3.110
毛細波 (capillary wave) 2.46
水力跳躍 (hydraulic jump) 2.58
水上快艇 (hydroplane) 2.45, 2.120
水昆蟲 (water bug) 2.46
水波 (water wave) 2.41-2.60, 2.116
水波干涉 (water wave interference) 2.41, 2.42, 2.45-2.47, 2.59
水波共振 (water wave resonance) 2.56, 2.57
水波繞射 (water wave refraction) 2.48
水流 (water stream) 2.19, 2.22, 2.24, 2.114-2.115, 6.11
水氣旋渦 (steam devil) 2.71
水幕振盪 (nappe oscillation) 2.89
水滴 (drop) 2.108, 2.113, 2.121, 3.65, 3.108, 5.28, 5.32-5.41
水管 (water pipe) 3.11, 4.46
水盤 (water sheet) 2.116
水龍捲 (waterspout) 2.68
水鐘 (water bell) 2.114
水壩 (dam) 1.40, 2.1
火 (fire) 2.73, 3.35,
火山 (volcano) 5.82, 6.37
火車 (train) 1.26, 1.59, 2.25
火箭 (rocket) 4.69
牛奶 (milk) 2.70, 2.110, 2.113, 5.88
牛軛湖 (oxbow lake) 2.64
王冠閃電 (crown flash or flachenblitz) 5.47

五劃

加速度 (acceleration) 1.21
功 (work) 1.21
功率 (power) 1.15, 4.62
北海 (North Sea) 2.1
卡噠磕頭蟲 (click beetle) 1.15
可食的物理學 (physics you can eat) 2.70, 2.110, 2.113, 2.119, 2.122, 2.124-2.126, 3.2, 3.6, 3.19, 3.51, 3.54-3.57, 3.92, 3.100, 4.2, 4.18, 4.19, 4.22, 4.56, 4.57, 5.54, 5.88, 5.108, 6.12, 7.8
可樂 (coke) 3.19, 4.13
外殷定律 (Wien's law) 3.97
巧克力糖漿 (chocolate syrup) 2.125
布如士特角 (Brewster's angle) 5.19
布朗運動 (Brownian motion) 4.67
打水漂 (skipping rock) 1.40
永恆運動 (perpetual motion) 6.23
玉米 (corn) 7.13
生物電流 (bioelectricity) 6.2
甲殼類動物 (crustacean) 5.111
甲蟲 (beetle) 1.15, 2.46
白努利效應 (Bernoulli effect) 2.19-2.41,

2.45, 3.34, 4.53
白熾燈泡 (incandescent bulb) 3.73, 6.5
石斧 (celt) 1.72
石頭 (stone) 1.40, 1.72, 3.104, 3.115
石牆 (masonry wall) 3.109

六劃

乒乓球 (ping-pong ball) 1.18
光干涉 (optical interference) 5.34, 5.52, 5.59, 5.73, 5.79, 5.91-5.101, 5.115
光化學 (photochemistry) 5.110-5.112
光反射 (optical reflection) 5.2, 5.6, 5.12, 5.15, 5.16, 5.19-5.22, 5.26, 5.27, 5.30 5.32, 5.44, 5.47, 5.91, 5.141
光色散 (optical dispersion) 5.13, 5.17, 5.32-5.34, 5.58-5.63, 5.79, 5.84-5.93, 5.129
光折射 (optical refraction) 5.1, 5.3-5.11, 5.13, 5.17-5.18, 5.32, 5.44, 5.46, 5.51, 5.91, 5.92, 5.99, 5.100, 5.102, 5.104
光暈 (heiligenschein) 5.26
光輪 (glory) 5.79
光繞射 (optical diffraction) 5.95-5.97, 5.105
共振振盪 (resonant oscillation) 1.56-1.69
冰 (ice) 1.25, 1.34, 3.38, 3.41, 3.46, 3.51, 3.54, 3.106, 4.19, 5.44, 5.45, 5.43
冰屋 (icehouse) 3.58
冰映光 (ice blink) 5.71
冰箱 (refrigerator) 3.74
印度人 (Indian) 4.20
同調光 (coherent light) 5.115
合音 (combination tone) 4.64
回力棒 (boomerang) 1.55
回音 (echo) 4.30-4.33
地圖 (map)1.78, 5.71
地鳴 (brontide) 4.36
地震 (earthquake) 4.45, 6.38, 7.9
宇宙線 (cosmic ray) 7.14
宇宙學 (cosmology) 7.3
安地斯輝 (Andes glow) 6.48
尖緣 (cusp) 2.60
成穴 (cavitation) 2.105, 4.46, 4.47
收音機 (radio) 4.64, 6.25, 6.26, 6.28, 6.29
次級水流 (secondary flow) 2.63, 2.64
死 (death) 1.6, 2.13, 3.7, 6.1, 6.47
死谷 (Death Valley) 3.21
池塘 (pond) 3.44
灰塵 (dust) 3.111
米氏散射 (Mie scattering) 5.77-5.90
耳語 (whispering) 4.43, 4.50
耳語大廳 (whispering gallery) 4.31
艾克曼螺旋 (Ekman spiral) 2.61
血壓 (blood pressure) 2.3
衣服 (clothes) 3.79, 4.16, 5.22, 6.44
肌纖維顫動 (fibrillation) 6.1

七劃

伽伐尼 (Galvani) 6.2
克拉尼圖形 (Chlandi figure) 4.7

冷卻率 (cooling rate) 3.42, 3.50
吹口哨 (whistling) 4.56-4.59, 4.61
吹氣洞 (blow-hole) 3.8
吸音 (acoustical absorption) 4.15
尾流 (wake) 2.45-2.47, 2.75-2.83
抗凍劑 (antifreeze) 3.52
把戲棍 (fiddlestick) 1.37
扯鈴 (diabolo) 1.70
沙上足跡 (sand footprint) 7.11
《沙丘魔堡》(*dune*) 7.18
沙丘 (sand dune) 2.102, 2.107, 4.6
沙波 (sand ripple) 2.104
沙振動 (sand vibration) 4.5-4.7
沙堡 (sand castle) 6.18
沙漠 (desert) 2.102
沙漏 (hourglass) 1.17, 2.6
汽車 (car) 1.2, 1.6, 1.19-1.21, 1.23, 1.24, 1.26, 1.34, 1.35, 1.39, 1.41, 1.42, 2.30, 2.78, 2.91, 2.120, 3.20, 3.53, 4.1, 4.65, 5.48, 5.53, 5.85, 5.138, 6.13, 6.42
角 (horn) 4.60, 4.63
角動量 (angular momentum) 1.40, 1.41, 1.44-1.49, 1.51, 1.56, 1.58, 1.68-1.73, 2.54, 2.67
貝母雲 (mother-of-pearl cloud) 5.72
貝爾莎大砲 (Big Bertha) 1.52
貝類 (seashell) 4.49
走火 (fire-walking) 3.70
走拉緊的繩索 (tight-rope walking) 1.43
身體按摩 (rubdown) 3.50
防晃水箱 (antiroll tank) 1.61

八劃

乳房狀雲 (mamma) 3.29
刮鬍膏 (shaving cream) 2.126
咖啡 (coffee) 2.70, 2.101, 3.92, 4.22
呼拉圈 (Hula-Hoop) 1.30
夜光雲 (noctilucent cloud) 7.4
季節 (season) 3.81
定點定理 (fixed-point theorem) 7.7
岩石 (rock) 1.40, 2.7, 3.104
帕松點 (Poisson spot) 5.97
弦振動 (string vibration) 4.8-4.11
弧 (arc) 5.46, 5.122
拉弓 (bowing) 4.7, 4.10
拉線電話 (string telephone) 4.11
抛光 (polishing) 7.23
抛體運動 (projectile motion) 1.3, 1.49, 1.52
拖曳(drafting)2.78
放電 (discharge) 5.86, 6.32-6.49
昆蟲 (insect) 1.15, 2.29, 3.88
明膠 (gelatin) 2.124, 2.126
果園 (orchard) 3.95
泥 (mud) 3.113, 5.87
河 (river) 1.53, 2.64
河曲 (meander) 2.64
波以耳定律 (Boyle's law) 3.6
波浪狀管 (corrugated pipe) 4.53
波速 (wave speed) 2.44, 2.55

波腹 (antinode) 4.2, 4.44
沸騰的水 (boiling water) 3.61, 3.62, 4.12
油 (oil) 2.79, 2.101, 2.108, 4.125, 5.91
油漆 (paint) 2.126
爬行 (creep) 2.119
玩具 (toy) 1.7, 1.18, 1.27, 1.28, 1.30, 1.37, 1.47, 1.68-1.70, 1.72, 1.73, 2.21, 2.34, 2.49, 2.97, 2.127, 2.128, 3.64, 3.77, 4.11, 4.53, 4.58, 4.61, 5.117
矽泥 (silicone putty) 2.127, 2.128
空中小姐 (stewardess) 3.1
空手道 (karate) 1.10
空氣管 (air tube) 2.2
肥皀 (soap) 2.117, 5.91, 5.113
芬地灣 (Bay of Fundy) 2.56
芥末 (mustard) 2.126
表面波 (surface wave) 4.31, 4.32, 7.9
表面張力 (surface tension) 2.14, 2.101, 2.114-2.117, 2.119-2.121, 3.5, 3.102, 3.107, 3.108
金星帶 (belt of Venus) 5.62
陀螺 (top) 1.68, 1.73, 5.117
阿基米德的死光 (Archimedes's death ray) 3.76
阿基米德原理 (Archimedes's principle) 2.7, 2.9, 2.11
附著 (adhesion) 7.24
雨 (rain) 1.1, 5.31, 6.43
非牛頓型流體 (non-Newtonian fluid) 2.122-2.131

九劃

信號噪音比 (signal-to-noise ratio) 4.68
契忍可夫輻射 (Cerenkov radiation) 7.15
威士忌 (whiskey) 2.119
怒潮 (bore) 2.55
恆星 (star) 5.66, 5.98, 5.102, 5.107, 5.119, 7.3
柱 (pillar) 5.39, 5.43
柔道 (judo) 1.48
流沙 (quicksand) 2.130
流體靜壓力 (hydrostatic pressure) 2.12, 2.14, 2.130
洞穴 (cave) 3.8
洗手槽物理學 (sink physics) 2.14, 2.17, 2.19, 2.23-2.26, 2.43, 2.58, 2.59, 2.67, 2.87, 3.10, 4.46, 4.47, 5.3
洗髮精 (shampoo) 2.123
泵 (pump) 3.15
玻璃水杯 (water glass) 2.14, 2.15
玻璃紙 (cellophane) 5.52
相變壓 (phase change pressure) 3.46-3.49
紅外線 (infrared ray) 7.16
耶誕裝飾球 (Christmas ball) 5.141
耶誕燈泡 (Christmas tree light) 5.63
背氧氣筒潛水 (scuba diving) 3.7
虹 (rainbow) 5.32-5.42
虹吸 (siphon) 2.105, 2.106, 2.129
負壓 (negative pressure) 3.103
軌道 (orbit) 1.74, 1.76, 1.79

重力(gravitation) 1.75-1.79, 7.1
重力波 (gravity wave) 2.15, 7.4
重量 (weight) 1.17
降落傘 (parachute) 2.91
韋森伯效應 (Weissenberg effect) 2.124
音速 (speed of sound) 4.21-4.23, 4.28, 4.29, 4.34
音樂 (music) 4.3, 4.4, 4.8, 4.10, 4.23, 4.26, 4.51, 4.52, 4.53
音爆 (sonic boom) 4.73, 4.74
風 (wind) 2.33, 2.38, 2.82-2.85, 3.18, 3.86, 4.34, 4.54, 4.55
風寒因數 (windchill factor) 3.50
風箏 (kite) 2.97, 6.39
飛行 (flying) 2.31, 2.32, 2.36, 2.76, 2.98, 2.99
飛盤 (frisbee) 2.34
飛機 (airplane) 2.31, 2.32, 2.37, 2.94, 3.1, 4.24, 4.73, 6.27, 6.42, 7.14
食 (eclipse) 5.25, 5.99
香煙 (cigarette) 3.36, 5.89
香檳 (champagne) 3.6, 3.19
香爐擺動 (incense swinging) 1.58

十劃

倒 (pouring)液體 2.118, 4.47
原子彈 (atomic bomb) 3.23, 3.27, 3.97, 6.36, 7.17
套索 (lasso) 1.32
套索把戲 (rope trick) 1.32
射箭 (archery) 1.67
差速器 (differential) 1.41
振動與聲音 (vibration and sound) 4.1-4.9
書 (book) 1.33, 1.50
核彈(nuclear bomb) 3.23, 3.27, 3.97, 6.36, 7.17
氣泡 (bubble) 2.81, 3.34, 3.107, 3.108, 6.20
氣泡成核 (bubble nucleation) 3.32, 4.13, 4.46, 4.47
氣泡振動 (bubble vibration) 4.12, 4.13
氣泡壓 (gas bubble pressure) 2.105
氣球 (balloon) 3.5, 7.12
氣壓計 (barometer) 3.3
氦 (helium) 4.21
泰勒的墨水牆 (Taylor's ink wall) 2.66
消散尾 (distrail) 3.33
浦肯頁 (Purkinje) 5.120, 5.125, 5.126
海丁格刷像 (Haidinger's brush) 5.57
海洋物理 (ocean physics) 2.9, 2.10, 2.12, 2.16, 2.41-2.44, 2.47-2.54, 2.61, 2.62, 2.112, 3.9, 5.19-5.21, 5.67
海流 (ocean current) 2.61, 2.62, 6.4
海豚 (porpoise) 2.51
海灘物理學 (beach physics) 2.2, 2.13, 2.44, 2.43-2.50, 2.60, 4.5, 4.37, 4.42, 4.49, 5.19, 5.20
海灘球(beachball) 2.20
海鷗 (sea gull) 4.37
浮力 (buoyancy) 2.6, 2.7, 2.9-2.12, 2.14,

2.16-2.18, 2.70, 3.16, 3.24-3.25, 3.28, 3.29, 3.33, 3.34-3.37, 3.108
浮置 (levitation) 2.21, 2.22, 5.103, 6.21, 7.1, 7.2
浴室物理學 (bathroom physics) 1.36, 2.67, 2.71, 2.106, 2.123, 3.50, 3.78, 4.46, 4.47, 4.51, 5.3, 6.14
浴缸 (bathtub) 2.67, 2.71, 3.78, 5.3, 6.14
珠狀閃電 (bead lightning) 6.34
留聲機 (gramophone) 4.60, 4.64
眩光 (glare) 5.49
神經 (nerve) 6.2
粉筆 (chalk) 4.1
紙 (paper) 2.117
耕種 (cultivation) 3.101
航行 (sailing) 2.33
茶壺 (teapot) 4.56
茶葉 (tea leave) 2.63
迴轉運動 (gyroscopic motion) 1.68-1.73
酒瓶 (wine glass) 4.2
針孔光學 (pinhole optics) 5.23-5.25
閃電 (lightning) 4.38, 5.47, 6.32-6.48
閃電蟲 (lightning bug) 5.110
馬赫帶 (Mach band) 5.127
高度 (altitude) 1.8, 3.1, 3.2, 7.14
高爾夫球 (golf) 1.5, 2.35, 2.96
鬼尾流 (ghost wake) 2.75
鬼蜃景 (ghost mirage) 5.14
鬼影 (ghosting) 5.6

十一劃

乾船塢 (dry dock) 2.9
偏振 (polarization) 5.19, 5.36, 5.48-5.57
剪力 (shearing) 2.126, 4.5, 4.6, 7.11
氣體動力論 (kinetic gas theory) 3.93
啦啦隊加油筒 (cheerleading horn) 4.63
唱片 (record) 4.4
唱歌 (singing) 4.51, 4.52
堆 (stack) 4.37
崩落 (avalanche) 3.48, 4.6
探水術 (water witching) 7.5
探照燈 (searchlight) 5.75, 5.137
接觸角 (angle of contact) 3.102
旋光性 (optical activity) 5.54
旋渦 (vortex) 2.67-2.85, 2.91, 2.92, 2.94, 2.99, 2.100, 2.102-2.104, 4.48, 4.57, 4.61
旋轉座標裡的力 (force in rotating frame) 1.52-1.54, 2.61, 2.65-2.67
液晶(liquid crystal) 5.93
液體繩圈 (liquid rope coil) 2.125
淋浴 (shower) 4.51
烹飪 (cooking) 1.16, 3.2, 3.55, 3.56, 3.59, 3.65, 3.71, 3.75, 3.80, 4.12, 6.6, 7.8
球形閃電 (ball lightning) 5.106, 6.35
瓶子 (bottle) 1.44, 4.47, 4.57
畢旭光環 (Bishop's ring) 5.82
眼睛裡的漂浮物 (floater in eye) 5.96
眼鏡 (glasses) 5.49, 5.112, 5.118
細網 (mesh) 2.87, 5.105
船 (ship) 1.61, 2.9, 2.37, 2.47

蛋 (egg) 1.71, 2.23, 2.124, 7.8
蛋白質結構 (protein structure) 7.8
蛋黃醬 (mayonnaise) 2.126
蛋糕 (cake) 3.2
通風孔 (ventilator) 2.28
通量 (flux) 1.1, 3.81
速度錶 (speedometer) 6.24
都卜勒效應 (Doppler effect) 4.65, 4.66
雪 (snow) 2.92, 2.93, 3.45, 3.47, 3.49, 3.51, 3.96, 3.99, 4.14, 4.15, 6.8
雪波 (snow wave) 7.6
雪盲 (snow blindness) 5.139
雪崩 (snow avalanche) 3.48
魚 (fish) 2.12, 2.83, 2.111, 5.1, 5.5
魚群 (school) 2.83
鳥 (bird) 2.76, 2.98, 2.99, 4.37, 5.9

十二劃

凱文一亥姆霍茲不穩定性 (Kelvin-Helmholtz instability) 2.85
凱氏滴水器 (Kelvin water dropper) 6.9
堤防 (dike) 2.1
廁所 (toilet) 2.106
敞篷車 (convertible) 3.20
擴散 (diffusion) 2.16, 2.131, 3.91
斑點圖樣 (speckle pattern) 5.115
晴天霹靂 (bolt from the blue) 6.34
晶體 (crystal) 3.98, 5.93
晶體收音機 (crystal radio) 6.26
椅子 (chair) 1.14
棒球 (baseball) 1.3, 1.4, 1.9, 1.12, 1.13, 1.66, 2.39, 2.40
欽諾克風 (Chinook) 3.18
游泳 (swimming) 2.88, 5.1, 5.92
游離層 (ionosphere) 6.30.
減壓 (decmpression) 3.9
湖 (lake) 2.102, 2.109, 5.67, 5.101
湯 (soup) 2.122
湯匙 (spoon) 2.24
焦耳加熱 (Joule heating) 6.1
無線電頻散 (radio dispersion) 6.31
番茄湯 (tomato soup) 2.122
番茄醬 (ketchup) 2.126
發光的三角形 (luminous triangle) 5.21
短程加速賽車 (dragster) 1.21, 2.91, 4.1
硬幣 (coin) 2.79, 5.4
窗戶 (window) 5.6
絕熱過程 (adiabatic process) 2.77, 3.15, 3.18-3.24, 3.33, 3.46, 3.48
紫外線 (ultraviolet light) 5.104, 7.16
紫光 (purple light) 5.58, 5.60
裂縫 (crack) 3.113, 3.114, 7.21
視網膜上的藍弧 (retinal blue arc) 5.122
視覺 (vision) 5.115-5.141
視覺潛伏 (visual latency) 5.118, 5.120
超聲 (ultrasound) 4.66
進動 (precession) 1.26, 1.68
間歇泉 (geyser) 3.66
雲 (cloud) 2.100, 3.24-3.29, 3.33, 5.70, 5.74, 5.72, 7.4

雲圖 (cloud map) 5.71
飲水鳥 (dunking bird) 3.64
黃道光 (zodiacal light) 5.76
黑光 (blacklight) 5.113
黑體輻射 (blackbody radiation) 3.72, 5.107

十三劃

亂流 (turbulence) 2.85-2.88, 4.35, 5.99, 5.102
嗡嗡哼唱 (humming) 5.116
塑膠封膜 (plastic wrap) 5.52, 6.17
塔科馬海峽吊橋 (Tacoma Narrows Bridge) 2.84
微波 (microwave) 6.6
愛斯基摩旋轉 (Eskimo roll) 1.38
搖變性液體 (thixotropic fluid) 2.126
暈 (halo) 5.45, 5.46
暖爐 (radiator) 3.68, 3.69
極光 (aurora) 4.75, 6.30
溢洪道 (spillway) 2.89
溶膠—凝膠變化 (sol-gel change) 2.126
溼度 (humidity) 3.3, 3.90
溺水者 (drowning victim) 2.13
溫室 (greenhouse) 3.83
溫度直減率 (lapse rate)3.37
溫度計 (thermometer) 3.12
滑 (skid) 1.34
滑水 (aquaplaning) 2.45, 2.120
滑舟 (kayaking) 1.38
滑雪 (skiing) 1.46, 1.59, 2.95, 3.45, 5.65
滑翔 (soaring) 2.99
溜冰 (ice skating) 1.54, 3.46
溜溜球 (yoyo) 1.47
煙 (smoke) 2.103, 3.35-3.37, 5.89, 5.90
煙囪 (chimney) 1.51, 3.34
煙柱 (plume) 3.37
照相機 (camera) 5.24
煞車 (brake) 1.19
瑞立波 (Rayleigh wave) 4.31, 4.32, 7.9
瑞立—泰勒不穩定性 (Rayleigh-Taylor instability) 2.15, 2.18
瑞立散射 (Rayleigh scattering) 4.30, 5.58, 5.59
瑞立噴束 (Rayleigh jet) 2.113
碎屑 (crumb) 6.18
碰撞 (collision)1.10-1.13, 1.17
萬丈佛光 (rays of Buddha) 5.135
稜波 (edge wave) 2.43
聖厄耳莫火(St. Elmo's fire) 6.46
聖塔安娜風 (Santa Ana) 3.18
腳踏車 (bicycle) 1.26, 1.29, 1.31, 3.15, 5.27
葉子(leave) 2.102, 5.25, 5.28
蜂蜜 (honey) 2.125
蜃景 (looming, mirage) 5.7-5.11, 5.14
跟屁蟲賽車 (tailgating race car) 2.78
路燈 (streetlight) 5.63, 5.120
跳豆 (jumping bean) 1.7
跳躍 (jumping) 1.8

運動 (athletics, sport) 1.3, 1.4, 1.5, 1.8-1.10, 1.12, 1.13, 1.27, 1.46, 1.48, 1.66, 1.67, 2.33, 2.35, 2.39, 2.40, 2.50, 2.88, 2.95, 2.96, 3.45, 3.46,
過冷 (supercooling) 3.40
過濾式咖啡壺 (percolator) 3.67
鉛 (lead) 3.70, 7.20
雷 (thunder) 4.38, 4.74
雷雨 (thunderstorm) 3.43, 3.86
雷射 (laser) 5.16, 5.103, 5.115
電力線 (power line) 6.50
電刑 (electrocution) 6.1, 6.3, 6.47
電流 (electric current) 5.121, 6.1, 6.32
電場 (electric field) 5.47, 6.4, 6.11, 6.14, 6.15, 6.32-6.34, 6.36-6.40, 6.43, 6.45, 6.50
電視 (television) 5.116, 5.117, 5.132, 6.25, 6.27
電線 (wire) 4.55
電鰻 (electric eel) 6.4
預言 (divining) 7.5
鼓甲蟲 (whirligig beetle) 2.46
鼓振動 (drum vibration) 4.3

十四劃

塵捲風 (dust devil) 2.72
對流 (convection) 2.72, 2.99, 2.101, 3.44, 3.56, 3.59, 3.66, 3.69, 3.79, 3.85-3.89, 3.94, 3.96
截面 (cross section) 1.1
旗子 (flag) 2.27
滾水淋身 (yubana) 3.61
漾 (seiche) 2.57
漂白 (bleaching) 5.104
滲透壓 (osmotic pressure) 3.103-3.109
磁 (magnetism) 6.19-6.23
磁感應 (magnetic induction) 6.21-6.24
福克蘭群島 (Falkland Islands) 1.52
管子 (pipe) 3.11, 3.69, 4.44, 4.46, 4.53
綠色閃光 (green flash) 5.17
維京人 (Viking) 5.56
腐蝕 (corrosion) 7.22
蜜蜂(bee) 3.55

十五劃

噴水槍 (spray gun) 2.26
廚房物理學 (kitchen physics) 1.16, 2.14, 2.17, 2.19, 2.23, 2.24, 2.58, 2.59, 2.119, 2.121, 2.122, 2.124-2.126, 3.2, 3.10, 3.19, 3.51, 3.55-3.57, 3.59, 3.62, 3.63, 3.65, 3.71, 3.75, 3.80, 3.92, 3.100, 4.2, 4.12, 4.18, 4.19, 4.46, 4.56, 4.57, 5.4, 5.54, 5.95, 5.108, 6.12, 7.8
彈性流體 (elastic fluid) 2.122, 2.123, 2.129
影 (shadow) 4.76, 5.23, 5.25, 5.87, 5.125, 5.124, 5.127
摩擦 (friction)1.19-1.22, 1.79, 2.54, 2.77, 2.107, 7.19
摩擦發光 (triboluminescence) 5.108

摩擦電 (triboelectricity) 6.7, 6.8, 6.12
摩擦與聲音 (friction and sound) 4.1, 4.2
撞球 (billiard, pool shot) 1.27
撐竿跳 (pole vaulting) 1.8
歐貝爾斯弔詭 (Olbers' paradox) 7.3
潛水 (diving) 3.7, 3.9
潛水艇 (submarine) 2.10, 3.7, 4.39
潛熱 (latent heat) 3.22, 3.41, 3.42, 3.50, 3.54-3.62, 3.64, 3.68, 3.94
潮 (tide) 2.52-2.56
潤濕 (wetting) 3.100, 3.102
熱島 (heat island) 3.94
熱傳導 (thermal conduction) 3.39, 3.45, 3.47, 3.49, 3.59, 3.70, 3.78, 3.80, 3.81, 3.85, 3.92, 3.94, 3.96, 3.112
熱管 (heat pipe) 3.59, 3.64
熱膨脹 (thermal expansion) 3.110-3.115
皺曲 (buckling) 3.105
穀片 (cereal) 3.100, 4.18
膠 (glue) 7.24
膠帶 (tape) 6.10, 7.10
蔭帶 (shadow band) 5.99, 5.100
蝴蝶 (butterfly) 5.94
蝦 (shrimp) 3.89
蝙蝠 (bat) 1.13, 1.66, 2.4, 4.66

十六劃

衛生紙 (toilet paper) 1.36
衛星 (satellite) 1.74
衝浪 (surfing) 2.49-2.51
複虹 (supernumerary bows) 5.34
調頻收音機 (FM radio) 6.25
豎琴 (harp) 4.8
質心運動 (center of mass motion) 1.7, 1.8, 1.14
輪胎 (tire) 1.20, 1.39, 1.35, 2.120, 3.49
鋁箔 (aluminum foil) 3.71
墨西哥灣流 (Gulf Stream) 2.62
熵 (entropy) 3.116
凝固 (freezing) 3.11, 3.39, 3.40, 3.42, 3.44-3.52
凝結 (condensation) 2.101, 3.17, 3.22-3.24, 3.26-3.31, 3.33
凝結尾 (contrail) 3.33
凝滯性 (dilatancy) 2.127
噪音 (noise) 4.68
壁爐 (fireplace) 3.34
擋風玻璃 (windshield) 2.29, 5.53, 5.78
樹液 (sap) 3.103
橡皮水管 (water hose) 2.8
橡皮筋 (rubber band) 3.14, 4.9
橡膠球 (rubber ball) 1.18, 1.28
橋 (bridge) 1.57, 2.84, 4.32
激震波 (shock wave) 2.55, 2.58, 4.73, 4.74, 4.76
燐光 (phosphorescence) 5.131
燃燒 (combustion) 3.111, 3.112
獨輪車 (unicycle) 1.60
糖 (sugar) 2.79, 5.108, 6.12
糖漿 (syrup) 2.125, 5.54

蕈 (mushroom) 3.23
螢火蟲 (firefly) 5.110
螢光 (fluorescence) 5.113, 5.114, 5.131
螢幕 (screen) 5.105
貓 (cat) 1.45, 5.30
輻射 (radiation) 7.14, 7.15
輻射力 (radiation force) 5.103
輻射吸收 (radiation absorption) 3.38, 3.71, 3.75, 3.76, 3.79-3.85, 3.92, 3.94, 3.95, 6.6
錶 (watch) 1.63, 3.13
隧道 (tunnel) 3.6
靜寂區 (silent zone) 4.29
靜電學 (electrostatics) 6.7-6.17
頻閃觀測器 (stroboscope) 5.116, 5.117, 5.131
餡餅盤 (pie pan) 3.75
龍捲風 (tornado) 2.68, 2.69, 4.35, 4.45, 5.106

十七劃

壓力鍋 (pressure cooker) 1.16
壓眼閃光 (phosphene) 5.121
應力 (stress) 2.124, 4.14, 5.93, 7.11-7.13
戴維採礦燈 (Davy mine lamp) 3.112
擠型膨脹 (die swell) 2.127
翼 (wing) 2.30, 2.31, 2.36, 2.37, 2.94, 2.98
翼形 (airfoil) 1.55, 2.31, 2.94
聲干涉(acoustical interference) 4.24-4.26
聲反射 (acoustical reflection) 4.27, 4.30, 4.31, 4.74
聲反饋 (acoustical feedback), 4.41, 4.56
聲共振 (acoustical resonance) 4.1, 4.2, 4.44-4.59
聲折射 (acoustical refraction) 4.28, 4.29, 4.34, 4.35, 4.38, 4.39, 4.73
聲波導 (acoustical waveguide) 4.25
聲阻抗匹配 (acoustical impedance matching) 4.60, 4.62
聲納 (sonar) 4.39, 4.66
聲傳導 (acoustical conduction) 4.20, 4.71, 4.72
聲聚焦 (acoustical focusing) 4.27
聲學 (acoustics) 4.26, 4.27
聲繞射 (acoustical diffraction), 4.37, 4.40, 4.42, 4.43
薄膜 (film) 2.109-2.112, 2.114, 2.116, 2.119, 5.91, 5.92
薄膜爬行 (film creep) 2.119
賽車 (race car) 1.42, 2.30, 2.78, 2.91, 4.1, 4.65
避雷針 (lightning rod) 6.40
隱形人 (invisible man) 5.2
霜花 (frost flower) 5.51
黏滯性 (viscosity) 2.124-2.126, 2.130

十八劃

擴音器 (speaker) 4.60, 4.62, 4.64
擺動 (swinging) 1.56, 1.58

擺運動 (pendulum motion) 1.44, 1.56, 1.58, 1.60-1.63, 2.91
濺 (splashing) 2.88, 2.113, 4.13, 6.14
瀑布 (waterfall) 1.65
藍天 (blue sky) 5.59, 5.61
藍月亮 (blue moon) 5.84
藍德彩色效應 (Land color effect) 5.128
藍嶺 (Blue Ridge Mountains) 5.86
轉動慣量 (moment of inertia) 1.34-1.36, 1.42, 1.75
鎚子 (hammer) 1.11
雙耳聽覺 (binaural hearing) 4.70, 4.72
雙色晶體 (dichroic crystal) 5.56
鞭響 (whip crack) 4.77
顏色 (color) 3.91, 5.126, 5.128-5.131
鯊魚 (shark) 2.51

十九劃

爆炸 (explosion) 1.29, 3.111, 3.112
藝術贗品(art forgery) 7.16
邊緣振盪 (edge oscillation) 2.89
鏡子 (mirror) 5.12, 5.15, 5.73
關節 (knuckle) 4.17
霧 (fog) 3.19, 3.30, 5.85
霧虹 (fogbow) 5.42
霧號角 (foghorn) 4.42

二十劃

懺悔室聲學 (confessional acoustics) 4.27
爐 (oven) 3.56
礦燈 (mine lamp) 3.112
鐘 (bell) 1.64

二十一劃

蘭克—希爾須渦旋管(Ranque-Hilsch vortex tube) 2.77
蠟燭 (candle) 3.110
護目鏡 (goggles) 5.1, 5.65
鐵絲細網 (wire mesh) 2.87, 5.142
露虹 (dewbow) 5.41
露珠 (dew) 5.26, 5.41

二十二劃

霾 (haze) 5.77, 5.86
鰻 (eel) 6.4
疊紋圖樣 (Moiré pattern) 5.142

二十三劃

曬黑 (suntan) 5.109
曬傷 (sunburn) 5.109

二十四劃

鹽水 (salt water) 2.4, 2.5, 2.16-2.18
鹽漬圈 (salt ring) 3.63
籬笆 (fence) 2.92, 6.8

國家圖書館出版品預行編目資料

物理馬戲團 Q&A. 1, 讓你藝高人膽大的力學題庫 / 沃克（Jearl Walker）著；葉偉文譯. -- 第二版. -- 臺北市：天下遠見, 2009.06

面；公分. --（科學天地；15A）

含索引

譯自：The flying circus of physics with answers

ISBN 978-986-216-344-3（平裝）

1. 物理學　2. 力學　3. 問題集

330.22　　98008479

科學天地 15A

物理馬戲團❶ Q&A

讓你藝高人膽大的力學題庫

原　著／沃　克
譯　者／葉偉文
顧 問 群／林　和、牟中原、李國偉、周成功
科學館總監／林榮崧
責任編輯／王季蘭
封面設計暨美術編輯／江儀玲

出 版 者／遠見天下文化出版股份有限公司
創 辦 人／高希均、王力行
遠見・天下文化事業群 董事長／高希均
事業群發行人／CEO／王力行
出版事業部總編輯／許耀雲
版權部協理／張紫蘭
法律顧問／理律法律事務所陳長文律師 著作權顧問／魏啟翔律師
社　址／台北市104松江路93巷1號2樓
讀者服務專線／（02）2662-0012　傳真／（02）2662-0007 ；2662-0009
電子信箱／cwpc@cwgv.com.tw
直接郵撥帳號／1326703-6號 遠見天下文化出版股份有限公司

電腦排版／東豪印刷事業有限公司
製 版 廠／東豪印刷事業有限公司
印 刷 廠／崇寶彩藝印刷股份有限公司
裝 訂 廠／政春裝訂實業有限公司
登 記 證／局版台業字第2517號
總 經 銷／大和書報圖書股份有限公司　電話／（02）8990-2588
出版日期／2000年5月25日第一版
2016年3月10日第二版第5次印行

定　價／280元
書　號／WS015A
原著書名／The Flying Circus of Physics with Answers

ISBN: 978-986-216-344-3　（英文版ISBN: 0-471-02984-x）